Knaur

Cornelia Nitsch

MAMA IST DIE BESTE MEDIZIN

So helfen Sie Ihrem Kind

Schulmedizin ▪ Naturheilkunde ▪ Mütterliche Intuition

www.knaur.de

Die Autorin

Cornelia Nitsch zählt seit vielen Jahren zu den erfolgreichsten Autorinnen für Eltern-Kind-Ratgeber. Zu ihren bestverkauften Titeln gehören ***Dr. Mama*** und ***Bloß nicht alles richtig machen***.

Wichtiger Hinweis
Die im Buch veröffentlichten Ratschläge wurden mit größter Sorgfalt von Verfasserin und Verlag erarbeitet und geprüft. Eine Garantie kann jedoch nicht übernommen werden. Ebenso ist eine Haftung der Verfasserin bzw. des Verlages und seiner Beauftragten für Personen-, Sach- oder Vermögensschäden ausgeschlossen.

Bibliografische Information Der Deutschen Bibliothek
Die Deutsche Bibliothek verzeichnet diese Publikation in der Deutschen Nationalbibliografie; detaillierte bibliografische Daten sind im Internet über http://dnb.ddb.de abrufbar.

Projektleitung: Dr. Thomas Tilcher
Redaktion: Helene Weinold-Leipold, Aystetten
Herstellung: Dagmar Guhl
Bildredaktion: Sylvie Busche (Leitung)
Umschlagkonzeption und Umschlagfoto: ZERO Werbeagentur, München
Fotos: Andrea Leiber S. 14, 27, 32, 58, 66, 74, 101, 112, 169; Claudia Rehm S. 22, 29, 45, 85, 127, 132, 136, 143, 159, 167; Corbis/Jennie Woodcock S. 97/ Lois Ellen Frank S. 150/Raoul Minsart S. 117; Heidi Velten S. 34, 36, 40, 50, 80, 86, 94, 102, 107, 118, 123, 147; Ifa/DIAF/SDP S. 11, 56; Imago/DC S. 76; Mauritius/Age fotostock S. 117/Pashley S. 20, 69/Steimer S. 177/Stuart Pearce S. 31/Raith S. 53, 65, 71, 78, 104, 108, 114, 124, 134, 144, 154, 164/Reik S. 88/Stock Image S. 39, 128/The Copyright Group S. 98; New Eyes/Oredia Acheson S. 138; Premium/Imagestate S. 16/Stock Image S. 162; Silvia Lammertz S. 12, 18, 42, 46, 72, 128, 160; Stockfood/Eising S. 60
Satz: Uhl + Massopust, Aalen
Druck: Offizin Andersen Nexö Leipzig GmbH, Zwenkau

Printed in Germany

ISBN 3-426-66800-9

Besuchen Sie uns im Internet:
www.droemer-knaur.de

Inhaltsverzeichnis

3. Kapitel

4. Kapitel

5. Kapitel

Vorwort

Gerade noch munter und vergnügt, baut Ihr Baby plötzlich ab. Es quengelt, ist sichtlich unzufrieden, mag nicht trinken. Sicherheitshalber messen Sie Fieber. Die Temperatur ist wirklich erhöht. Also ab zum Kinderarzt, der wahrscheinlich »nur« einen fieberhaften Virusinfekt feststellt und Mut macht: »Nicht so schlimm, vergeht schnell wieder! Ruhe bewahren und abwarten. Das gibt sich wieder!«
Die erste Krankheit – ein wichtiges Ereignis in der Anfangszeit mit Kind. Das Baby quält sich tagelang mit einer Schniefnase herum, bekommt schlecht Luft. Das Trinken will nicht klappen. Sie experimentieren mit Wadenwickeln und messen dauernd Fieber. Nachts kommt keiner in der Familie richtig zur Ruhe, denn der Winzling wacht jede Stunde auf und meldet sich nachdrücklich.
Darüber hinaus sind Eltern wesentlich durch die Sorgen belastet, mit denen sie sich herumschlagen. Dauernde Unruhe und tiefe Unsicherheit machen ihnen in dieser Stresssituation zu schaffen. Die unzähligen Fragen, die ihnen durch den Kopf schwirren, bedrücken sie:
Wie können wir das Fieber bekämpfen? Müssen wir einen Fieberkrampf befürchten, was ist ein Fieberkrampf eigentlich?
Was können wir tun? Verhalten wir uns richtig? Was können wir besser machen?
Wann zum Arzt, wann erst einmal abwarten?

Dieses Buch will Eltern Antworten auf ihre vielen Fragen zum Thema Gesundheit/Krankheit geben – praxisnah, fundiert – und ihnen damit ihre Unsicherheit nehmen. Sie finden handfeste medizinische und praktische Tipps für den Babyalltag – viele Hinweise darauf, was bei kleineren Malaisen zu tun ist, welche Hausmittel wann helfen und überhaupt geeignet sind, denn Babys sind sehr empfindliche, spezielle Patienten. Bei ihnen verläuft manche Krankheit anders als bei älteren Kindern. Sie brauchen deshalb oft eine besondere Behandlung.
Glücklicherweise sind die meisten Krankheiten im ersten Lebensjahr harmlos. Es besteht also kein Grund, zu ängstlich und besorgt zu sein. Wenn ein Baby jedoch ernsthafter erkrankt, dann ist es besonders gefährdet. Die Kunst besteht darin, sich ein Bild zu machen, zu unterscheiden und im Notfall richtig zu reagieren. Hier finden Sie das Wissen, das Ihnen helfen kann.

Darüber hinaus werden Eltern in diesem Buch daran erinnert – und darin unterscheidet es sich von den üblichen Büchern zum Thema Kinderkrankheiten –, dass sie über ganz besondere Heilkräfte verfügen: über Kräfte, die ihnen meistens gar nicht bewusst sind und neben aller Medizin und guten Versorgung ganz wesentlich dazu beitragen können, dass ihr Kind schnell wieder gesund wird. Auch die Kinderärzte halten viel von den intuitiven elterlichen Fähigkeiten. Mütter sind den Vätern hier meistens ein Stück voraus.

Ihnen gelingt es, ihr Baby zum Lachen zu bringen, selbst wenn ihm eigentlich gar nicht zum Lachen zumute ist. Lachen macht gesund.

Sie wiegen ihr Baby in den Armen, wenn es quengelig ist. Dabei beruhigt sich der kleine Patient nicht nur, das Schaukeln unterstützt auch seine Gesundung.

Sie streicheln ihr Baby. Mit ihrer Zärtlichkeit, ihrer Wärme und Nähe geben sie ihrem erschöpften Kind neuen Mut, pusten manchen Schmerz einfach weg.

Mütter und Väter erfahren nicht nur, worin ihre besonderen Möglichkeiten liegen und wie sie ihre Kräfte zum Wohl ihres Babys einsetzen können, sondern auch, wieso ihre liebevolle Pflege und Versorgung, ihr Kümmern und Sorgen die Heilung wesentlich unterstützen können. Dieses Wissen kann ihnen viel von ihrer anfänglichen Unsicherheit nehmen. Die eigenen Fähigkeiten zu sehen, sie sich bewusst vor Augen zu führen – das macht selbstsicher. Diese Selbstsicherheit kommt nicht nur den Eltern, sondern auch dem Baby zugute.

WICHTIGE ANZEICHEN VON KRANKHEIT

und was Eltern tun können

Das Baby quengelt, ist unruhig. Hunger? Nasse Windel? Sehnsucht nach Nähe? Oder wird der kleine Sohn, die kleine Tochter vielleicht krank? Junge, unerfahrene Mütter und Väter geraten schnell in Sorge, wenn sie an Krankheit denken: Noch so zerbrechlich, so hilflos ist ihr kleiner Liebling – wie verkraftet er Fieber und Schmerzen? Wie können sie erkennen, ob sich eine Krankheit anbahnt? Ob und wann sie zum Arzt gehen sollten? Was können sie tun, um ihrem Kind seine Situation zu erleichtern?

Ein Baby zehrt in seinen ersten Lebenswochen von den Abwehrstoffen, die ihm während der Schwangerschaft von der Mutter übertragen wurden. Dieser so genannte »Nestschutz« bewahrt den Säugling vor vielen Infektionen, die seine Mutter selbst durchgemacht hat oder gegen die sie geimpft ist.

Gerade noch fröhlich, plötzlich ganz kümmerlich

Normalerweise ist das Baby putzmunter, gedeiht prächtig. Das heißt: Es nimmt in dem Maße an Gewicht zu, wie's sein soll. Es ist bester Stimmung, strampelt entsprechend fröhlich und schaut neugierig in die Welt. Sein körperlicher Zustand lässt also nicht zu wünschen übrig: straffe Haut, straffe Muskeln – alles in Ordnung.

Warum der Nestschutz so wichtig ist

Selbst wenn seine Geschwister eine Kinderkrankheit nach der anderen durchmachen, bleibt ein Säugling oft erstaunlich gesund. Der Grund: Er zehrt von den Abwehrstoffen, die noch während der Schwangerschaft von der Mutter auf ihn übertragen wurden. Diese »Impfung« wird als Nestschutz bezeichnet; sie bewahrt ein Kind vor einigen, leider längst nicht vor allen Krankheiten und schützt es vor vielen Infektionen, die seine Mutter selbst durchgemacht hat oder gegen die sie geimpft wurde. Der Nestschutz bietet also eine große, aber keine völlige Sicherheit, garantiert zum Beispiel keinen Schutz vor Keuchhusten, Scharlach oder Tuberkulose.

Wird das Baby gestillt, stärkt die Muttermilch seine Abwehrkräfte zusätzlich gegen viele Infektionen, beispielsweise Durchfallerkrankungen und Darminfektionen. In den ersten Lebensmonaten funktioniert das Immunsystem noch nicht perfekt. Erst nach und nach baut es eigene Widerstandskräfte auf, die das Baby dann vor Krankheiten schützen können.

Wenn die Ansteckungsgefahr zunimmt

Eigene Abwehrkräfte werden dringend benötigt, denn kommt ein Baby in Bewegung, erobert krabbelnd die Wohnung und steckt jedes Ding, das im Wege liegt, in den Mund, dann trifft es natürlich ständig auf eine unglaubliche Fülle unterschiedlichster Krankheitserreger, die seinen Organismus attackieren.

Am häufigsten werden diese Krankheitserreger über die Hände übertragen, nicht etwa durch Husten und Niesen – Tröpfcheninfektion –, wie meist vermutet. Wird ein Baby in einer Gruppe mit anderen Kindern betreut, ist das Ansteckungsrisiko natürlich höher als in der eigenen Familie, denn hier kommt es mit vielen verschiedenen Erregern in Kontakt.

Hat sich das Baby angesteckt, ist die Frage, ob seine Widerstandskräfte schon stark genug sind, um mit den Erregern fertig zu werden. Der Abwehrkampf findet unmerklich statt; vielleicht ist der kleine Spatz ein bisschen blass um die Nase, viel mehr nehmen seine Eltern von der Auseinandersetzung wahrscheinlich gar nicht wahr. Reicht die Kraft des Immunsystems nicht aus, erkrankt das Kind. Jede Infektion, die es durchmacht, führt dazu, dass es später gegen die Erreger, die diese spezielle Infektion ausgelöst haben, immun ist. Mit jedem Infekt wird es also ein Stückchen stabiler – jeder Schnupfen, jeder Husten hat auch sein Gutes.

Da seine Widerstandskräfte nach Ende des Nestschutzes in der Regel aber noch zu wünschen übrig lassen, erkrankt ein kleines Kind häufiger als ein großes. Infiziert es sich mit Krankheitserregern, wird sein noch nicht voll ausgebildetes Immunsystem entsprechend stark beansprucht – so stark, dass seine Abwehrkräfte vorübergehend erst einmal geschwächt sind. Nicht selten entstehen daraus Komplikationen: Zu einer durch Viren verursachten Infektion kann zum Beispiel noch eine durch Bakterien hervorgerufene kommen.

Weil das Immunsystem während einer Krankheit auf Hochtouren arbeitet, gewinnt es an Stärke. Ist die Infektion überstanden, kann das Kind später von diesen neuen Kräften profitieren.

Was tun, wenn das Baby erkrankt?

- Es im Blick behalten, genau beobachten. Die Beobachtungen eventuell notieren.

- Möglichst gelassen bleiben. Sich nicht von Angst und Aufregung überwältigen lassen.

- Entscheidungen fällen: Den Kinderarzt anrufen? Lieber gleich in die Praxis fahren? Oder erst einmal abwarten? Merken die Eltern, dass ihr Baby malade ist, versuchen sie herauszufinden, warum es sich nicht wohl fühlt. Tut der Bauch weh? Schmerzt der Hals? Gar nicht so einfach für junge, noch unsichere Eltern zu erkennen, welche Krankheit sich ankündigen könnte, denn ein Baby zeigt zwar, dass es sich nicht wohl fühlt, kann aber nicht mitteilen, was ihm wehtut. Fühlen sich Mütter und Väter überfordert, sollten sie nicht zögern, den Kinderarzt aufzusuchen. Umso besser, wenn er sie beruhigen und Entwarnung geben kann.

- Hilfe suchen. Vor allem junge Eltern leiden in Stresszeiten darunter, dass sie die Verantwortung für ihren Nachwuchs allein tragen. Keine Angst, nach und nach wächst jeder in diese neuen Aufgaben hinein. Hilfreich ist es, bei Freunden und Verwandten die eigenen Nöte offen anzusprechen, sich emotionale Unterstützung, vielleicht auch Ratschläge zu holen.

Die Babys – heute gesünder als früher?

Die Säuglingssterblichkeit ist erheblich gesunken. Viele Krankheiten sind durch Impfungen zurückgegangen oder sogar fast verschwunden. Die Babys von heute sind dank neuer Therapien, besserer Vorsorgemaßnahmen, Ernährung und Hygiene gesünder denn je. Dafür wirken sich falsche Lebensweise und Umweltschäden stärker aus. Bewegungsmangel führt dazu, dass viele Babys zu dicken Kindern werden; chronische Erkrankungen wie Allergien nehmen zu (siehe Seite 170).

Eine Mutter hat einen besonderen »Draht« zu ihrem Baby und spürt deshalb meist intuitiv, wie es dem Kind geht – eine Gabe, die auch Kinderärzte zu schätzen wissen.

Der eigenen Intuition, dem Bauchgefühl trauen

Ohne genau zu wissen warum, spüren viele Mütter, wenn ihr Baby krank wird – manchmal ahnen sie es schon weit im Vorfeld. Intuitiv entscheiden sie dann, was zu tun ist. Oft sind sie sich ihrer Entscheidung ganz sicher. Unerfahrene, unsichere Mütter bewundern diese Sicherheit staunend.

Intuitiv entscheiden – was heißt das eigentlich? Intuition gilt als besondere Begabung, als geheimnisvolle innere Kraft besonders sensitiver Menschen. Zu dieser Gruppe zählt sicherlich auch eine Mutter, die schnell und unmittelbar auf die Bedürfnisse ihres Babys regieren kann, ohne langes Bedenken. Wieso ist sie sich ihrer Sache so sicher?

1. Weil sie unbewusst erste Merkmale von Krankheit wahrnimmt, zum Beispiel einen umflorten Blick, blasse Haut oder zarte, hellblaue Schatten um die Augen – Anzeichen, die normalerweise nicht zu sehen sind und die keiner außer ihr wahrnimmt. Darüber hinaus fallen ihr noch ganz individuelle Vorzeichen auf. So weiß sie, dass sich bei ihrem Spätzchen eine Krankheit anbahnt, wenn seine Haare schräg nach hinten zu Berge stehen. Oder ein anderer sicherer Hinweis: Wenn es sogar bei der vertrauten Oma fremdelt, dann fühlt es sich garantiert nicht gesund.

2. Weil sich ein Baby durch seine Körpersprache, Gestik und Mimik verrät, weil es damit eine deutliche Sprache spricht, die niemand so gut entschlüsseln kann wie seine Mutter. Aus ihrer Sicht gleicht ihr Kind einem offenen Buch, in dem sie nur lesen muss. Natürlich können auch der Vater, die Großeltern, die Geschwister verstehen, was der Winzling mitteilen will, denn ein kleines Kind zeigt seine Empfindungen ganz direkt und unverfälscht. Sein Gesicht, seine Haltung sind Spiegel seiner Seele. In seinem Gesicht zeichnen sich seine Freuden, seine Nöte deutlich ab. Die Kunst besteht darin, auch zwischen den Zeilen zu lesen, und diese Kunst beherrschen viele Mütter meisterhaft.

3. Weil sich die Mutter meist am intensivsten mit ihrem Baby beschäftigt. Tag für Tag hat sie mit dem kleinen Menschenkind zu tun, stillt es – deshalb ist es eigentlich nicht verwunderlich, dass sie Signale erkennt, die anderen verborgen bleiben. Weil Intuition vor allem aus Erfahrungen gespeist wird, kommt eine Mutter zu besonders guten intuitiven Ergebnissen in den Bereichen, in denen sie Expertin ist. Sie hat einen zuverlässigen Riecher für alle Belange ihres Kindes. Rennt es beispielsweise bei seinen Lauflernversuchen gegen eine Tischkante, ahnt sie schon, was sich abspielt, bevor das Geschrei überhaupt einsetzt: Das

Schätzchen brüllt, weil ihm der Schreck in die Glieder gefahren ist, und nicht, weil es sich ernsthaft verletzt hat! Die Miene, die ihr Kind macht, die Art und Weise, wie es ansetzt, gleich in Geschrei auszubrechen – alles zusammen lässt sie in diesem Fall Ruhe bewahren. Zu Recht, wie sich gleich darauf herausstellt.

Ein guter Kinderarzt ist an mütterlichen Beobachtungen und Urteilen interessiert: »Wie ist Ihr Eindruck? Können Sie sich vorstellen, warum sich Ihr Kind schlecht fühlt? Was ist Ihnen in den vergangenen Tagen aufgefallen?« Er will erfahren, was Mütter gesehen, gehört, gefühlt haben. Als Hilfsdiagnostiker sind sie dagegen weniger beliebt.

Dem Bauchgefühl immer vertrauen – oder gibt es Grenzen?

Ihren Gefühlen trauen diejenigen Mütter am zuverlässigsten, die sich ihrer Intuition kaum bewusst sind. Sie setzen dieses Gefühl, das aus dem Bauch und nicht aus dem Kopf kommt, einfach zum Nutzen ihres Kindes ein – und auch zu ihrem eigenen Vorteil –, ohne groß darüber nachzudenken. Wer dagegen lange über seine Intuitionen nachsinnt, wer nachbohrt, sich selbst beobachtet und die eigenen Wahrnehmungen dauernd analysiert, verliert diesen besonderen mütterlichen Blickwinkel leicht, weil die Gedanken und Analysen, die Vernunft und das rationale Denken damit wieder bestimmend werden und das Bauchgefühl verdrängen. Wer alles intensiv hinterfragt, beginnt bald, seinen Beobachtungen und Gefühlen zu misstrauen, und verlernt damit wahrscheinlich schnell, intuitiv zu erfassen, was jetzt das Richtige für ein Baby ist und was nicht. Wo sind die Grenzen der eigenen Intuition?

- Wenn alle Vernunft ausgeschaltet wird. Wer nur noch seinem Bauchgefühl folgt, die Dinge des Lebens selbst nicht mehr bedenkt, sondern vor allem erfühlt, manövriert sich in eine Sackgasse.
- Wenn aus Intuition Besserwisserei wird. Wer einen Riecher für alles und jedes hat und das Wissen anderer kaum akzeptiert, bugsiert sich mit so viel Besserwisserei in einen Gefühlsschlamassel.
- Wenn aus Intuition Überbehütung wird. Wer eine zu intensive Bindung an sein Kind hat, zu eng mit ihm verwoben ist, bei jedem Zipperlein und Wehwehchen mitschwingt und mitleidet, verliert leicht den nötigen Abstand. Dann wird es kaum gelingen, neben allem Gefühl auch die eigenen Erfahrungen zu hören, die Vernunft einzuschalten, wenn wichtige Entscheidungen zu fällen sind.

Achten Sie darauf, den Kinderarzt nicht mit zu vielen Fragen auf einmal zu überfallen, sondern ein paar Schwerpunkte zu setzen. Lassen Sie sich während des Gesprächs nicht durch die Gedanken an ein überfülltes Wartezimmer hetzen, sondern haken Sie eine Frage nach der anderen ruhig und zügig ab. Fragen Sie den Arzt auch, warum er welche Untersuchung macht, aber erwarten Sie nicht, dass er im Schnellkurs Antworten zu etlichen Problemen rund ums Kind parat hat.

Gleich zum Arzt oder erst einmal abwarten?

Erkrankt ein Baby, neigen viele dazu, erst einmal abzuwarten nach dem Motto: »Das wird sich schon wieder geben!« Hat sich das Kind »nur« erkältet, ist es sicherlich ratsam, erst einmal Ruhe zu bewahren – jedenfalls solange es nicht fiebert und/oder unter weiteren beunruhigenden Symptomen leidet. Eltern sollten ihr Kind jetzt auf jeden Fall genau beobachten und sich eventuell Notizen über seinen Krankheitsverlauf machen.
Ein Anruf beim Kinderarzt ist auf jeden Fall sinnvoll, wenn Eltern sich unsicher sind. Bitte gleich den Arzt fragen – lieber einmal zu viel als zu wenig anrufen oder gleich in die Praxis gehen. Ärztlicher Rat ist auch vonnöten, wenn das Baby beunruhigende Symptome zeigt, zum Beispiel:

- eine ausgeprägte Trinkschwäche (weniger als ein Drittel seiner normalen Ration)
- Blässe, Unruhe oder Mattigkeit
- Beschwerden, auch leichtere, die immer wiederkehren, wie etwa: Ohren-, Kopf-, Hals-, Bauchweh
- starke Schmerzen
- Atemprobleme
- Fieber über 38,5 °C. Bei dieser Temperatur zum Arzt gehen!
- Krampf/Fieberkrampf
- Fieber, das sich nach einer Weile gibt, dann jedoch wiederkehrt oder länger als zwei, drei Tage anhält (In diesem Fall auch geringeres Fieber nicht auf die leichte Schulter nehmen.)
- Durchfall und/oder Erbrechen (mit oder ohne Fieber)
- Husten, der sich ohne Erkältung plötzlich ergibt oder länger als ein paar Tage anhält oder mit Atemproblemen gekoppelt ist
- Blut im Stuhl
- Kopfschmerzen, Berührungsempfindlichkeit

Der Besuch beim Kinderarzt löst bereits im Vorfeld Stress aus:

- weil die Mutter Angst vor der Diagnose hat,
- weil sie fürchtet, sich ungeschickt zu verhalten oder als überängstlich zu gelten,
- weil sie Angst hat, dumme Fragen zu stellen, oder vergessen könnte, die wichtigsten Fragen zu stellen.

Was tun?

- In Gelassenheit üben. Wer dem Besuch beim Kinderarzt voller Anspannung entgegensieht, muss damit rechnen, dass sich diese Anspannung sofort auf das Baby überträgt und es entsprechend unleidlich darauf reagiert – erst recht, wenn es sich mies fühlt. Deshalb selber erst einmal zur Ruhe kommen.
- Vorsorgen. Möglichst mit einem gut gesättigten, frisch gewickelten und einigermaßen ausgeschlafenen Kind zum Kinderarzt gehen, um Stress und großes Geschrei zu vermeiden.
- Merkzettel mit allen wichtigen Fragen anfertigen und zum Arzt mitnehmen. Fieberwerte aufschreiben. Eventuell beim Arzt Notizen machen, um in der Aufregung nicht das Wichtigste zu vergessen.
- Um Ehrlichkeit bemüht sein. Die eigenen Gefühle äußern. Nicht die Rolle der tüchtigen Mutter darstellen, die alles im Griff hat.
- An praktische Kleidung denken, damit ein schnelles An- und Ausziehen möglich ist. (Reißverschlüsse sind praktischer als Knöpfe, Ersatzwindel nicht vergessen.)
- Auf Mamas Schoß lässt ein Baby eine Untersuchung wahrscheinlich eher mit sich geschehen als auf der Untersuchungsliege.
- Schmusedecken oder Schmusetiere können wichtige Tröster sein.

Hausbesuche – wann sind sie möglich?

Viele Kinderärzte sind bereit, Hausbesuche zu machen, wenn es wirklich sein muss. Ob ein Hausbesuch sinnvoll ist oder nicht, lässt sich am besten per Telefon abklären. Liegt ein Baby hoch fiebernd, fast apathisch in seinem Bettchen, sollte man ihm den Weg in die Praxis und die Wartezeit ersparen. Ist der Kinderarzt am Wochenende nicht zu erreichen, finden Eltern Hilfe in der Ambulanz des nächstliegenden Krankenhauses. Wenn möglich, sollten sie sich im Notfall an eine Kinderklinik wenden. In vielen Landkreisen gibt es am Wochenende auch einen kinderärztlichen Notdienst.

In Liebe einwickeln – und warum das beim Gesundwerden hilft

Jeder erfahrene Kinderarzt weiß, dass ihm sein kleiner Patient wesentlich weniger Probleme bereitet, wenn Mama oder Papa hautnah dabei ist. Auf ihrem Arm, in vertrautem Gefilde, erträgt ein Kind ärztliche Untersuchung meist einigermaßen gefasst und selbstverständlich. Aus sicherer Warte beobachtet es den Arzt zuerst und lässt ihn dann an sich heran. Jetzt darf er seinen Patienten sogar abhorchen oder ihm den Bauch abtasten, ohne dass es Geschrei gibt. Erstaunlicherweise werden auf diese Weise auch Schmerzen besser verkraftet.

Ist das Baby krank, kann es noch nicht aus Erfahrung wissen, dass sich seine Malaise bald wieder geben wird. So quält es sich nicht nur mit Bauchweh oder mit Husten, Schnupfen, Heiserkeit, sondern gleichzeitig mit dem unguten Gefühl herum: Wieso kann die Mami, die doch sonst alles kann, die Schmerzen nicht einfach wegpusten? Ein krankes Kleinkind fühlt sich schnell ausgeliefert, versteht die Welt nicht mehr und reagiert verwirrt: Keine Hilfe mehr, wo sonst immer Hilfe zu finden war? Das verunsichert. Kein Wunder, dass einem deshalb zum Heulen zumute ist.

Eine neue Studie hat ergeben, dass Babys, die beim Impfen oder Blutabnehmen die Nähe von Mutter oder Vater spüren, seltener schreien und einen ruhigeren Puls haben.

Liebe macht widerstandsfähig

Und die Eltern – wie reagieren sie auf ihr krankes Kind? Sie wollen zupacken, aktiv sein. Zum Kinderarzt gehen. Medizin besorgen. Sich ihrem Baby ganz widmen, um ihm zu helfen. Ihm das geben, was es vor allem braucht, wenn es malade ist: eine Riesenportion Kuscheln und Schmusen, Wärme und Nähe – Liebe pur. Manchmal versäumen sie, ihre tiefen und positiven Gefühle zu zeigen, wenn sie Runde für Runde mit ihrem bauchwehgeplagten Kind auf dem Arm stundenlang durch das Wohnzimmer tigern. Denn wenn ihr kranker Liebling ewig schreit und quengelt, fällt es den besorgten, vielleicht auch aufgrund durchwachter Nächte genervten Eltern bisweilen schwer, geduldig und liebevoll auf den kleinen Schatz einzugehen und ihm ihre Liebe zu zeigen. Es beschäftigt sie nur noch eine Frage: »Wann beruhigt sich der kleine Patient endlich?«

Ist schließlich doch Entspannung angesagt, verdreht ihr kleiner Liebling die Augen, gähnt kräftig, hängt plötzlich wie ein Mehlsäckchen auf ihrer Schulter und schläft süß und selig ein, dann atmen sie nur noch auf: ab ins Bettchen. Doch kaum haben sie das Kinderzimmer verlassen, schleichen Mama und Papa, von unsichtbaren Kräften angezogen, auf leisen Sohlen erneut ins Zimmer: Babyduft schnuppern. Atmet das Kleine ruhig und gleichmäßig?

Ihr Baby spürt: Egal, was passiert, Mama und Papa sind da. Ihre Zuneigung währt ewig. Indem es die Erfahrung macht, ohne Wenn und Aber geliebt zu werden, kann es Vertrauen und Sicherheit entwickeln – die Kräfte, die ihm auch helfen, schneller zu gesunden. Das Bedürfnis nach Liebe und Wärme ist elementar. Nur wenn es befriedigt wird, kann ein Baby in dem guten Gefühl gedeihen, wichtig für seine Eltern zu sein. Es braucht feste Bezugspersonen, die da sind, die seine Signale aufnehmen, richtig deuten und darauf eingehen, also einfühlsam sind. Natürlich fühlen Mama und Papa mit, wenn die Ohren wehtun oder der Kopf vor Fieber glüht, aber sie sollten nicht überängstlich reagieren, mit ihrem kranken Kind leiden nach dem Motto: »Du armes Schätzchen!«. Damit machen sie keinem Mut.

Alles wollen Eltern tun, damit ihr Kind nicht leidet. Aber Schmerzen, mieses Befinden können sie ihm leider nicht abnehmen, trotz all ihrer Liebe nicht. Der Schnupfen bleibt lästig. Das Bauchweh tut einfach weh. Immer wieder gibt es Krisensituationen, in denen Mütter und Väter einfach nichts tun können, außer geduldig abzuwarten: bis sich der Virusinfekt gibt, bis das Fieber sinkt. Den größeren Gefallen tun sie ihrem Kind dann, wenn sie Kraft und Optimismus ausstrahlen nach dem Motto: »Das kriegen wir schon hin!« Ihre positive Einstellung kann sich auf den kleinen Patienten übertragen. Aber bitte vermeiden Sie, falsche Versprechungen zu machen wie: »Gleich ist alles wieder gut!«, wenn das nicht stimmt. Kinder wollen sich auf ihre Eltern verlassen können – auch schon im Babyalter.

Verwöhnen: Ja, aber richtig

Auf den Arm! Trinken! Auf den Schoß! Ein krankes Baby ist anspruchsvoll, kommt alle naselang mit neuen Wünschen und hält seine Mama rund um die Uhr auf Trab. Auf alle Wünsche eingehen? Das Baby richtig schön verwöhnen in der Hoffnung, Bauchweh oder Erkältung seien dann erträglicher für den kleinen Racker? Oder lieber nicht zu bereitwillig auf seine Wünsche eingehen, sondern frühzeitig vorbeugen und sich zurückhaltender geben, damit aus dem süßen Wicht bloß kein verzogenes Gör wird? Ein Baby ist nicht fähig, sein Geschrei gezielt als Machtmittel einzusetzen nach der Devise: »Ich werde es schon schaffen, dass ihr tut, was ich will!« Wenn es weint, dann, weil es nach Trost, nach Zuwendung lechzt, und manchmal kann der Wunsch danach sehr intensiv sein. Es kann nur dann Vertrauen in seine Eltern entwickeln, wenn es erfährt, dass Mama und Papa seine Signale wahrnehmen – seine Hilferufe, die bedeuten: »Ich fühle mich ganz mies!« Erst später, wenn aus dem zarten Baby ein resolutes Kleinkind geworden ist, das seinen Willen entdeckt und damit auch die Möglichkeit, Mama und Papa nach seiner Pfeife tanzen zu lassen, müssen Eltern lernen, nachdrücklich »nein« zu sagen, wenn's denn sein muss.

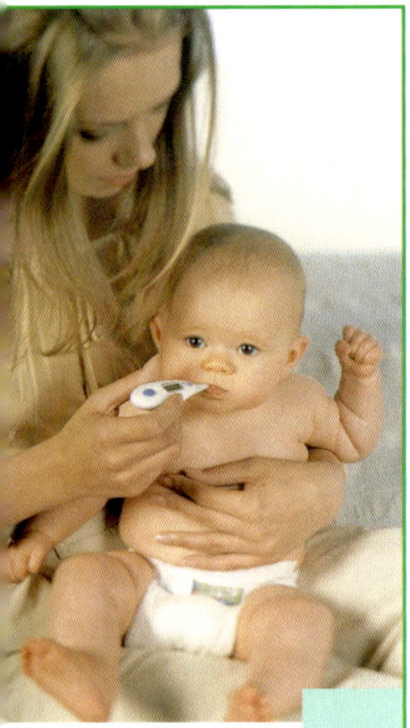

Abwarten. Weil Fieber ein »Heilmittel« ist, bei einem Kleinkind nicht jeden Anstieg der Körpertemperatur gleich bekämpfen. Nur wenn das Fieber länger anhält, wenn es das Befinden des Kindes, seinen Appetit und Schlaf beeinträchtigt, wenn das Baby leidet, ist zu fiebersenkenden Mitteln zu greifen.

Keine Angst vor Fieber

Gerade noch zu Späßen aufgelegt, baut der kleine Sohn, die kleine Tochter plötzlich ab. Das Baby mag nur noch auf Mamas Arm und sonst gar nichts. Kein Fläschchen. Keine Spielchen. Ein Alarmzeichen für aufmerksame Eltern, die sich schnell Gewissheit verschaffen: Hand auf die Stirn: Sie ist heiß. Blick in die Augen: riesengroß und glänzend. Meist bedeutet das Fieber. Bei ansteigendem Fieber ist manches Kind sehr blass, friert, leidet unter Schüttelfrost. Erst später, wenn das Fieber auf dem Höhepunkt ist, beginnt das Kleine zu schwitzen. Ein fieberndes Kind atmet schneller als normalerweise, schläft häufig sehr unruhig, weint viel: fühlt sich einfach miserabel.

Wenn die Abwehr angekurbelt wird

Babys fiebern deutlich häufiger als ältere Kinder. Die Gründe:

- Die Wärmeregulation und der Temperaturausgleich sind noch nicht fein aufeinander abgestimmt. Das System gerät bei kleineren Störungen leicht aus der Balance. So kann Fieber zum Beispiel auf einen Hitzestau hinweisen. Das bedeutet: Die Wärme wird nicht über die Haut abgeleitet, der Schweiß verdunstet nicht. Eine mögliche Ursache: Das Baby ist bei Hitze einfach zu warm angezogen und schlummert dazu unter einer Decke. Wird es ausgepackt, sinkt die Körpertemperatur meistens schnell wieder. Oft ist Fieber ein Hinweis darauf, dass Krankheitskeime in den Körper eingedrungen sind.

- Das Immunsystem muss sich erst langsam an die Umwelt anpassen, die Abwehr erst Schritt für Schritt aufgebaut werden. Da das Immunsystem nach Abklingen des Nestschutzes nicht gleich reibungslos funktioniert, erkrankt ein kleines Kind häufiger als ein größeres. Erst später, wenn seine Widerstandskräfte gestärkt sind, wenn seine Abwehr besser mit Erregern fertig wird und das Kind gegen immer mehr Krankheiten immun ist, fiebert es wieder seltener.

Fieber ist also keine Krankheit, sondern eigentlich eine gesunde Angelegenheit: ein wichtiger Hinweis darauf, dass der Organismus auf Hochtouren arbeitet. Zuerst wird der Temperaturregler im Gehirn veranlasst, die Körperwärme hochzufahren. Die höhere Temperatur wirkt sich auf das gesamte Körpersystem aus: Sie kurbelt den Stoffwechsel an, mobilisiert das Immunsystem, regt die Durchblutung an. Alles zusammen dient dazu, die eingedrungenen Erreger oder Giftstoffe unschädlich zu machen.

Weil Fieber das Immunsystem trainiert und weil ein Kind in der Regel damit gut fertig wird, sind viele Fachleute dagegen, erhöhte Temperatur gleich zu unterdrücken. Vorsicht ist dennoch geboten: Auch wenn Fieber ein »Heilmittel« ist, auch wenn ein Kind auf den ersten Blick gut damit fertig wird, kann es den Organismus trotzdem belasten. Steigt es rasch und hoch an, hat ein Baby mehr als 38,5 °C – die normale Körpertemperatur liegt zwischen 36,5 °C (morgens) und 37,2 °C (abends) –, sollten Eltern aktiv werden und umgehend zum Kinderarzt gehen.
Der Arzt wird nach den Ursachen forschen: Hat ein Kind zwei, drei Tage lang gegen Abend hohes Fieber, sinkt es danach deutlich, weist das meistens auf einen durch Viren verursachten Infekt hin. Leidet ein Kind dagegen länger unter hohem Fieber, ist wahrscheinlich eine durch Bakterien verursachte Krankheit der Auslöser. Per Bluttest kann der Kinderarzt feststellen, ob die Krankheit durch Viren oder Bakterien verursacht wurde.

Was tun?

- Gelassenheit zeigen, auch wenn das Fieber ansteigt; nervöse Eltern belasten ihr Kind, weil sich ihre Nervosität überträgt.

- Viel zu trinken geben. Ein Säugling kann bei Fieber schnell austrocknen, weil er viel Flüssigkeit verliert.

- Bei Fieberanstieg, wenn es fröstelt, das Kind mit Decke und Wärmflasche wärmen. Später, wenn es von Kopf bis Fuß warm ist, für leichtes Bettzeug und einen kühlen Raum sorgen. Nicht zu warm anziehen, um Überhitzung zu vermeiden.

- Hausmittel (nur nach Absprache mit dem Kinderarzt anwenden):
  Wadenwickel: Wenn Hände und Füße warm sind. Um jede Wade eine lauwarme, erst in Wasser getränkte, dann ausgedrückte Serviette wickeln. Die Wickel sollten vom Knie bis zum Knöchel reichen. Um den feuchten Wickel jeweils eine Stoffwindel schlagen. Das Kind anschließend nur leicht zudecken. Nach 20 bis 30 Minuten die Wadenwickel wieder abnehmen. Günstiger: Baumwoll-Kniestrümpfe unter kühles Wasser halten, auswringen, dem Baby anziehen und Wollsocken überziehen.
  Brustwickel: Eine der Länge nach in der Mitte gefaltete Windel in zimmerwarmes Wasser tauchen, leicht auswringen und um den Brustkorb des kleinen Patienten legen, mit einem Wolltuch abdecken und ab und zu erneuern, bis sich der Zustand gebessert hat.

Das wirkungsvollste Mittel gegen Turbulenzen: Ruhe ausstrahlen. Darauf vertrauen, dass sich die eigene Gelassenheit auf das Kind übertragen wird.

Trösten, beruhigen: einfach nur da sein

Das Baby weint, ist unglücklich, fühlt sich einfach miserabel, weil es krank ist. Natürlich ist jede Mutter, jeder Vater sofort auf dem Sprung, es zu trösten, denn Trost trocknet die Tränen. Wenn es ihm nicht gut geht, wendet sich ein Kind meist instinktiv zuerst an seine Mama.

Manche Eltern sind Naturbegabungen im Trösten. Mit unerschütterter Zuversicht, mit einer Bärenruhe versuchen sie, ihr schreiendes, kreuzunglückliches Baby zu beruhigen. Fließen die Tränen, weil der Kopf wehtut oder der Hals schmerzt, greifen sie automatisch auf altbewährte Beschwörungszeremonien zurück: Küssen die heiße Stirn, pusten das Kopfweh weg und sprechen die magische Formel: »Heile, heile Segen«, schimpfen mit dem blöden Fieber und bewirken damit tatsächlich eine Linderung der Beschwerden.

Anderen Müttern und Vätern fehlt dieser Elterninstinkt. Tief verunsichert, reagieren sie voller Selbstzweifel, wenn ihr Nachwuchs kränkelt und viel weint: »Wieso gelingt es uns nicht, unser Kind zu trösten, was machen wir falsch? Ein Baby beruhigen – das kann doch nicht so schwierig sein …« In ihrer Unsicherheit wenden sie alle Beruhigungsmethoden an, die sie in petto haben: Der kleine Wicht wird herumgetragen, geschaukelt, auf den Schoß gesetzt. Bisweilen hilft alles Machen und Tun nicht: Der Schreihals will sich einfach nicht trösten lassen. Kann man das Trösten lernen? Worauf kommt es dabei an? Wichtige Voraussetzungen:

1. Nicht ärgern lassen. Genervte Eltern empfinden Babygeschrei bisweilen als Vorwurf, als wolle ihnen ihr Sprössling damit sagen: »Ihr sorgt nicht vernünftig für mich!« Ein falscher Eindruck. Denn wenn ein Baby herzzerreißend schreit und schreit, geschieht das immer aus Verzweiflung und nicht als gezielte Provokation. Viel lieber würde es lachen und zufrieden spielen als seinen Liebsten mit großem Kraftaufwand und Mordsgeschrei sein mieses Befinden kundzutun.

2. Bei der Sache sein. Sich auf das Baby und sein Unglücklichsein konzentrieren. Schweifen Sie bitte nicht, während Sie mit dem Baby beschäftigt sind, in Gedanken zum nächsten Einkaufszettel oder dem gestrigen Abend ab. Der Wicht muss spüren: Meine Mama ist bei mir – mit ganzem Herzen und aller Aufmerksamkeit. Sie läuft nicht gleich wieder davon.

3. Ruhe ausstrahlen. Nicht hektisch herumexperimentieren, nacheinander verschiedene »Beruhigungsmittel« ausprobieren – erst den Schnuller, dann die Flasche, danach ins Bett legen und gleich darauf wieder

aufnehmen... Ein Baby braucht Eltern, die ihre innere Mitte haben, ruhig und gelassen ihre Bahnen ziehen. Das Vertrackte an der Sache: Nur wer selbst einigermaßen ausgeglichen ist, kann Ruhe ausstrahlen.

4. Der eigenen Suggestionskraft vertrauen. Müttern, die fest davon überzeugt sind, ihr Baby mit ihren ureigenen Mitteln trösten zu können, gelingt es meistens auch, diese Sicherheit auszustrahlen – und das zeigt Wirkung.

Vielen Müttern und Vätern ist es nicht danach, Ruhe zu geben oder stillzuhalten, wenn sie den kleinen Sohn, die kleine Tochter leiden sehen. Einfach gar nichts tun? Einfach nur da sein und Ruhe ausstrahlen und ein bisschen »Heile, heile Segen« singen? Nicht jedermanns Sache. Man muss doch helfen, aktiv werden, irgendetwas bewegen, beschaffen, aus dem Wege räumen. Dem kranken Spatz seine Situation erleichtern, wenigstens ein bisschen angenehmer gestalten. Dafür sorgen, dass es ihm schnell besser geht – gut genug, dass die Tränen endlich versiegen und sich der Kummer geben kann. Es fällt vielen Eltern schwer zu begreifen, dass die Kunst jetzt darin besteht, eben mal nicht gestaltend einzugreifen.
Andere wissen nicht, wie das gehen soll: Ruhe ausstrahlen, vor allem nicht, wenn um sie herum pures Chaos herrscht. Die älteren Geschwister hauen sich die Köpfe ein, der Herd fiept, weil der Eintopf gar ist, und das Telefon läutet natürlich just in diesem Moment.
Geübte Mütter haben gelernt, alle Nebengeräusche abzuschalten, sich bewusst eine Weile nur auf ihr hilfloses, verzagtes Kindchen einzulassen. Alles andere gilt im Augenblick nicht. Tür zu, das Chaos draußen lassen, und damit auch eigene Empfindungen wie etwa Ärger und Frust, Nervosität oder Ungeduld. Stattdessen Babyduft einatmen. Die Wärme des kleinen Wesens spüren. Nichts anderes zählt mehr.

Ein Tipp:

Ein Baby, das krank ist, kann hyperempfindlich auf äußere Reize reagieren. Jedes Wort, jedes Spielchen, jeder neue Reiz wird ihm jetzt schnell zu viel, und es schreit, weil es sich nach Ruhe sehnt. Deshalb kann weniger Berührung, weniger Zuwendung manchmal auch mehr sein: Also nicht gleichzeitig das Köpfchen streicheln, Koseworte ins Ohr flüstern und das Kind dabei sachte schaukeln, sondern entweder nur streicheln oder nur flüstern oder nur schaukeln. Oft genügt es, die flache Hand leicht aufs Babygesicht wie eine leichte, wärmende, nach Mama duftende Decke zu legen, ohne das Kind gleichzeitig zu wiegen oder ihm auf den Rücken zu klopfen.

Heile, heile Segen

Heile, heile Segen,
drei Tage Regen,
drei Tage Sonnenschein,
wird schon wieder besser sein!

Wenn ein Fieberkind krampft

Nichts erschreckt eine Mutter oder einen Vater mehr als ein plötzlicher Fieberkrampf. Viele meinen, ihr Kind müsse sterben. Wer gut informiert ist, weiß genau, wie er sich im Notfall zu verhalten hat, kann die Angst besser beherrschen. Meist tritt ein Krampf bei hoher Körpertemperatur auf, seltener bevor das Fieber steigt. Einen Krampfanfall machen etwa zwei bis vier Prozent aller Kinder im Alter zwischen sechs Monaten und vier Jahren durch. Bei einem Drittel der Kranken wiederholt sich ein Fieberkrampf später noch einmal. Treten Fieberkrämpfe häufiger auf, sollte das Kind von einem Neurologen untersucht werden.

Anzeichen eines Fieberkrampfes: Gerade haben die Eltern ihr Kind zu Bett gebracht. Als sie nach wenigen Minuten noch einmal nach ihm schauen, verdreht das Baby plötzlich die Augen, verliert das Bewusstsein. Die Muskeln zucken rhythmisch. Ein Fieberkrampf kann sich auch anders zeigen: Das Kind wird ganz schlaff oder sehr steif und streckt sich übermäßig. Es fühlt sich heiß an. Nach kurzer Zeit entspannt sich das Kind meist wieder.

Ursachen: Zu einem Fieberkrampf kann es kommen, wenn das Fieber besonders schnell ansteigt. Das Gehirn verkraftet den Fieberanstieg nicht, deshalb kommt es zu einem »Kurzschluss«: Zahlreiche Hirnzellen entladen sich gleichzeitig elektrisch.

Ein Fieberzäpfchen ist kein harmloses Mittelchen, sondern ein Medikament. Sparsam damit umgehen, am besten nur nach Absprache mit dem Arzt geben.

Was tun?

- Sicherstellen, dass das Kind genug Luft bekommt.
- Nicht eingreifen. Bei Zuckungen bitte das Kind nicht festhalten. Nicht versuchen, den Krampf zu entspannen. Nach ein bis zwei Minuten – einer Zeitspanne, die Eltern wie eine Ewigkeit erscheint – ist der Schrecken meist vorbei. Der Krampf kann aber auch länger dauern.
- Den Notarzt rufen oder das Kind selbst ins Krankenhaus bringen, damit es gründlich untersucht werden kann. Anschließend werden Eltern und Baby, versorgt mit Notfallmedikamenten für eventuelle künftige Anfälle, wieder entlassen, nicht ohne vorher noch darauf hingewiesen zu werden, dass sie bei zukünftigen Infekten regelmäßig Fieber messen und vorsorglich bereits bei 38,5 °C fiebersenkende Mittel geben sollen. In der Regel hat ein Fieberkrampf keine negativen Folgen für die Gesundheit des Babys.
- Zäpfchen geben (als Notfallmedikament vom Arzt mitgegeben).

Wie am besten Fieber messen?

Eine Auswahl verschiedener Messmethoden, die für ein Baby infrage kommen:

- **Im Ohr.** Das Infrarot-Ohrthermometer misst im Gehörgang die Wärmeabstrahlung des Trommelfells sekundenschnell. Ungeeignet bei Ohrentzündungen.
- **An der Schläfe.** Das Infrarot-Stirnthermometer erfasst an Stirn oder Schläfe durch die Haut die Temperatur. Vorteil: einfaches, schnelles Messen, sogar möglich, wenn das Baby schläft.
- **Im Po.** Die rektale Messung mit einem Digitalthermometer – die altbewährte und nach Meinung vieler Kinderärzte immer noch zuverlässigste Methode. Kurze Messzeiten. Allerdings ziemlich unbeliebt bei Babys. Das Thermometer vor und nach dem Gebrauch mit lauwarmem Wasser und Seife säubern. Das Kind rücklings auf die Wickelkommode legen, die Spitze des Thermometers einfetten, dann die Füße des Babys mit einer Hand umfassen und festhalten, in der anderen Hand das Thermometer halten und etwa einen Zentimeter tief einführen. Nach Beendigung der Messung piept das Thermometer.
- **Im Mund.** Das Schnullerthermometer – ein in einen Schnuller integriertes Thermometer – ist bei Babys angenehm zu handhaben, die an einen Schnuller gewöhnt sind.

Außerdem wichtig:

- Notizen machen über den Verlauf des Fiebers, dem Arzt Anhaltspunkte liefern.
- Mit demselben Thermometer und immer der gleichen Methode messen, morgens und abends. Denn wer mal nach der einen, mal nach der anderen Methode misst und immer zu unterschiedlichen Tageszeiten, kann kein klares Bild gewinnen.

Fieberzäpfchen – wann und wie?

Das Fieber steigt – für ängstliche Eltern beunruhigend schnell. Manche Mütter und Väter greifen gleich zum Fieberzäpfchen in der Hoffnung, dass sich ihr Schätzchen schnell besser fühlen wird. Sie benutzen das Zäpfchen auch, um ihre Angst um die Gesundheit ihres Kindes loszuwerden, und übersehen dabei oft, dass ein Fieberzäpfchen ein Medikament ist – gar nicht so harmlos, wie viele annehmen. Fiebersenkende Mittel nur nach Absprache mit dem Arzt geben, und genau nach Vorschrift.

Wie gibt man ein Zäpfchen?

1. Möglichst abwarten, bis das Baby Stuhlgang hatte, danach erst das Zäpfchen geben.
2. Die Spitze mit Vaseline oder Creme einfetten, damit sich das Zäpfchen besser einführen lässt.
3. Das Baby rücklings auf die Wickelkommode legen, Beine hoch, die Füße mit der einen Hand festhalten, das Zäpfchen in der anderen Hand halten und zügig so weit in den Darm einführen, dass es nicht mehr zurückrutschen kann.
4. Die Pobacken einen Moment zusammendrücken. Dann ein, zwei Minuten warten, ob das Zäpfchen auch wirklich verschwunden ist.

Geborgenheit und Schutz bieten

Große, runde Augen, die staunend in die Welt blicken, eine hohe Stirn, ein kleines Kinn, eine winzige Nase, volle rote Lippen und auf dem Kopf ein paar dünne Härchen: Wer ein Babygesicht mit seinen besonderen Merkmalen anschaut, reagiert gerührt und zärtlich darauf – erst recht, wenn dieses kleine Gesicht vor Fieber glüht, wenn die großen runden Augen müde wirken, längst nicht so hellwach strahlen wie normalerweise. Dieses runde Gesichtchen, das so genannte Kindchenschema, weckt Beschützerinstinkte. Eltern, Großeltern, sogar die Geschwister schmelzen dahin, wenn das kleine Menschenkind sie anschaut – wenn es krank ist, besonders Hilfe suchend, zerbrechlich und irgendwie ratlos wirkt. Natürlich wollen sie sich in greifbarer Nähe aufhalten, um den kranken Frosch zu hegen und zu pflegen. Aber wie am besten?

Für einen kleinen Patienten muss kein aufwendiger Hokuspokus veranstaltet werden, um ihn bei Laune zu halten. Im Gegenteil: Kranke Kinder lechzen oft nach Ruhe, schlummern kurz ein, träumen vor sich hin. Statt den kleinen Patienten permanent zu bespielen, kann es oft sinnvoller sein, einfach nur in seiner Nähe sitzend die Zeitung zu lesen, zu bügeln oder Wäsche zu sortieren. Trotz Krankheit kann ein Kind solche ruhigen, friedlichen Momente genießen und daraus Kraft schöpfen. Gedämpftes Licht, angenehme Wärme – eine wohlige Atmosphäre wirkt entspannend, denn was es mag, hat das Baby um sich: seine Vertrauten samt Lieblingsstoffteddy.

Ein Tipp: Wirbelige Geschwister sind jetzt vielleicht nicht unbedingt die richtige Gesellschaft, weil ein krankes Baby ihre heftigen Liebesbeweise, ihre Lebhaftigkeit im Moment schlecht verkraftet.

Was wäre das Dasein ohne Geborgenheit? Jedes Kind sehnt sich nach verlässlicher Bindung, nach Zugehörigkeit, nach Schutz, nach Sicherheit – nach einem warmen Nest. Es braucht Vertrautheit und Beständigkeit, gerade und besonders, wenn es krank ist. Dass diese Faktoren seine Zufriedenheit und auch seinen Gesundheitszustand positiv beeinflussen, ist bekannt. Wer sich gut aufgehoben fühlt, schüttet mehr von dem Glückshormon Oxytozin aus, und dieses Hormon stärkt auch die Abwehrkräfte. Mangelt es an Geborgenheit, fühlt sich ein Baby schnell verraten und verloren, traurig wie ein Veilchen, dem Wasser fehlt. Fehlende Geborgenheit beeinträchtigt die Gesundungschancen.

Dem Tag Struktur geben

Ein Umfeld schaffen, das Sicherheit und Geborgenheit bietet? Ein Kunststück, an dem viele Eltern scheitern, wenn ihr Baby kränkelt und einfach nicht gut drauf ist, denn damit gerät zu Hause einiges durcheinander. Die Gelassenheit, die sie sich im Umgang mit ihrem Baby vielleicht gerade erkämpft hatten, ist wieder dahin. Ist ihr kleiner Liebling krank, sind auf ein-

mal andere Wünsche zu erfüllen als zu normalen Zeiten. Krankheitsphasen sind Ausnahmezeiten. Dazu zählt auch, dass sich Eltern plötzlich wieder unsicher fühlen, wo sie gerade Boden unter den Füßen gewonnen hatten, und sich erneut mit Fragen herumquälen wie: »Weint unser Baby so häufig, weil es sich krank fühlt oder weil es auf Zuwendung aus ist, Hunger hat, eine frische Windel möchte?« Infolge von Angst und Unsicherheit ist die Stimmung nicht selten auf einem Tiefpunkt. Will sich zu Hause partout keine wohlige Ruhe, kein warmes Familienklima auf Knopfdruck einstellen, geraten viele Eltern unter Druck: Sie sind nervös und ungeduldig, machen sich Vorwürfe. Weil sie erschöpft sind, fällt es Müttern und Vätern in solch einer Phase oft schwer, Gelassenheit zu bewahren. Während sie durch den Tag hasten, immer auf Trab zum Wohle des Babys unterwegs, entsteht nicht die ersehnte warme und entspannte Atmosphäre, sondern Stress.
Seismographisch nimmt das Baby die Spannungen wahr, die in der Luft liegen, und reagiert darauf. Hatte es zum Beispiel gerade einen einigermaßen konstanten Rhythmus aus Tag und Nacht, aus Schlafen und Wachen gefunden, läuft dieses Gleichmaß bei Krankheit, bei Anspannung gerne wieder aus dem Takt. Wie können Eltern gegensteuern?

Ein paar Fixpunkte schaffen

So viel Beständigkeit und Regelmäßigkeit einplanen wie möglich und diese Ordnung als Stütze benutzen. Für Kontinuität sorgen – für einige feste Daten, die Struktur in den Tag bringen. Aber nicht zu verbissen, sondern möglichst locker vorgehen, warum soll das so hilfreich sein?

- Wiederholungen und feste Gewohnheiten mag ein Baby – Zeremonien wie das genüssliche morgendliche Bad, danach ein paar Schmuse- und Spielmomente mit anschließendem Aufbruch: »Wir gehen an die frische Luft!« Immer ein und derselbe Ablauf? Warum bekommen einem Baby ein klar gegliederter Tag und eine gewisse Regelmäßigkeit gut? Weil es sich sicherer fühlt, weil ihm das hilft, schließlich seinen eigenen Rhythmus (wieder) zu finden. Eltern müssen ein neues Gespür entwickeln. Reagieren sie einfühlsam und zuverlässig auf die veränderten Lebensumstände, bleibt dem Baby sein Vertrauen in die Umwelt, obwohl es sich seinen desolaten Zustand nicht erklären kann. Es wird sich trotz seiner durch Krankheit bedingten Verunsicherung gut aufgehoben fühlen.

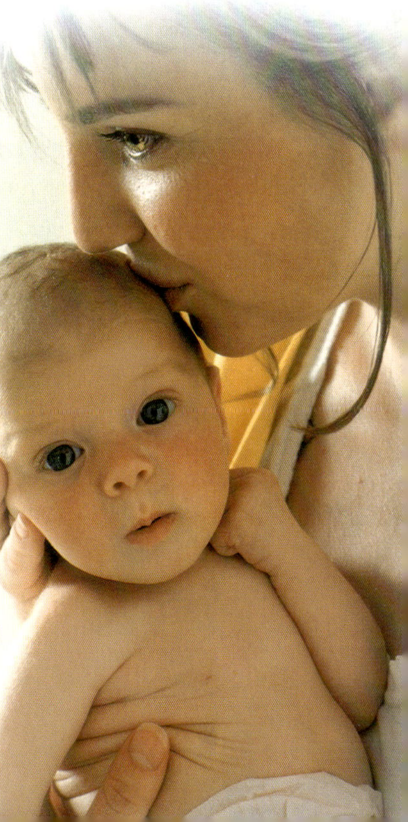

Krankheitssymptome: Hautausschlag, Blässe und Bauchweh

Das Kind ist unruhig, gereizt – es wird krank, klar zu erkennen. Aber woher sollen seine Eltern wissen, ob die sich anbahnende Krankheit harmlos ist oder die Gesundheit ihres Kindes ernsthaft gefährdet? Für junge Eltern eine Schreckenssituation. Wie sich verhalten?

Achtung: Vor Anwendung warmer Wickel oder Kompressen die Beschwerden vom Arzt abklären lassen. Bei Verdacht auf Blinddarmentzündung sind warme Wickel nicht angebracht!

Was tun, wenn das Baby unter Hautausschlag leidet?

Bei Säuglingen und kleinen Kindern kommt Hautausschlag nicht selten vor. Manchmal fällt es dem Arzt schwer, die Ursache herauszufinden. Oft steckt eine typische Kinderkrankheit dahinter (zum Beispiel Windpocken) oder eine Allergie oder einfach eine besondere Empfindlichkeit. Deshalb sollten Eltern ihr Baby dem Arzt vorstellen, wenn der Ausschlag nicht gleich wieder verschwindet.

Was tun, wenn das Baby außergewöhnlich blass ist?

Ein gesunder Säugling hat normalerweise eine rosige Gesichtsfarbe. Der Grund: Die zarte durchsichtige obere Hautschicht lässt das Blut durchschimmern. Mit der Zeit wird die Hautfarbe blasser. Gerade bei der Hautfarbe zeigt sich die Individualität von Babys besonders deutlich: Manche sind einfach von Natur aus blass, während andere immer nach frischer Luft und bester Gesundheit aussehen. Die Hautfarbe hängt von der Beschaffenheit der Haut, ihrer Durchblutung ab. Nur selten ist auffallende Blässe das Symptom einer gesundheitlichen Störung, zum Beispiel einer Bluterkrankung (sehr selten).

Was tun, wenn dem Baby der Bauch wehtut?

Etwas ratlos stehen die Eltern am Bettchen ihres Kindes. Nach ihrer Meinung leidet es unter Bauchschmerzen, denn es schreit viel. Zieht die Beinchen an. Verkrampft. Sieht blass aus. Lässt sich weder durch Spiele ablenken noch durch Zureden, Herumtragen oder Wickeln beruhigen.
In den ersten drei/vier Monaten ihres Lebens leiden viele Kinder unter Bauchschmerzen oder Bauchkrämpfen – Jungen wesentlich häufiger als Mädchen. Die Ursache des Bauchwehs kann harmloser, aber auch ernsterer Natur sein. Meistens besteht kein Grund zur Sorge. Auch Erregung kann Kindern auf den Magen schlagen, schon Säuglingen. Kleinere Weh-

wehchen, aber auch richtige Schmerzen werden von kleinen Kindern oft als Bauchweh bezeichnet, weil sie noch unfähig sind, sie präzise zu orten. Kein Wunder, dass es Erwachsenen schwer fällt zu erkennen, ob das Bauchweh wirklich »echtes« Bauchweh ist oder ob andere Schmerzen dahinter stecken. Eine straff gespannte Bauchdecke, verstärktes Schmerzempfinden beim Abtasten des Bauches, anhaltende Unruhe, Blässe – solche Anzeichen sind immer ein Alarmsignal.
»Echte« Bauchschmerzen können durch verschiedene Krankheiten oder Störungen verursacht werden – von Koliken und Blähungen bis Blinddarmentzündung (siehe Seite 97). Auch ein Infekt kann dahinter stecken. Deshalb den Kinderarzt konsultieren, wenn sich die Schmerzen nicht nach ein, zwei Stunden wieder geben.

Was tun?

- Eine reife Banane in den Babybrei rühren und dem Bauchwehkind zu essen geben.
- Anistee. Einen halben Teelöffel Anisfrüchte mit einem Löffel zerdrücken, dann mit kochendem Wasser überbrühen, 10 Minuten ziehen lassen, durch ein Sieb gießen. Säuglingen 3 Esslöffel lauwarm in die Flaschennahrung geben. (Achtung: Kinder können auf Anis, auf Kräuter überhaupt, allergisch reagieren.)
- Kamillewickel. 1 Esslöffel Kamillenblüten mit einem Liter Wasser aufbrühen. 10 Minuten ziehen lassen. Ein Geschirrhandtuch in den handwarmen Kamillentee tauchen. 15 Minuten ziehen lassen. Das Handtuch auswringen, auf den Bauch legen, mit einem Wolltuch fixieren. Etwa 10 Minuten lang wirken lassen.
- Kartoffelwickel. Sechs Kartoffeln weich kochen. Auf eine Serviette legen, zermatschen. Die vier Zipfel über den Brei schlagen, verknoten. Die Temperatur überprüfen, damit die Kompresse nicht zu heiß ist. Dann auf den Bauch legen und mit einem Wolltuch fixieren.

Bitte ein Baby nie schütteln!

Das Baby schreit Stunde um Stunde, weil es unter einem Infekt leidet, nicht richtig atmen kann, nicht richtig schlafen kann. Geduldig tragen es seine Eltern herum, versuchen, es zu beruhigen – vergeblich. Total gestresst, am Ende ihrer Nervenkraft, wird es von seiner Mama irgendwann gerüttelt: »Sei endlich still!«
Kein Baby verträgt es, gerüttelt oder geschüttelt zu werden. Das tut nicht nur der Seele weh, viel schlimmer: Dabei besteht die Gefahr einer inneren Blutung, das Gehirn kann durch das Rucken verletzt werden. Außerdem sind die Muskeln im Kopfbereich noch schwach, können den im Vergleich zum Körper großen schweren Kopf kaum richtig halten. Statt das Baby verzweifelt zu schütteln, hilft nur eines: Hilfe holen. Freunde, Verwandte um Unterstützung bitten und kräftig ausspannen.

Viel Aufmerksamkeit schenken

Jedes Kind, egal ob klein oder schon größer, sehnt sich nach der Aufmerksamkeit seiner Eltern. Es sehnt sich danach, dass der Papa abends mit ihm Späßchen macht, dass die Mama beim Brei füttern freudig auf seine Kapriolen eingeht, mitjubelt und viel Geduld aufbringt. Es erwartet erst recht, dass die Großen auf seine Bedürfnisse eingehen und Zaubermittel kennen, wenn es malade und einfach schlecht drauf ist.

Zuwendung ja, aber echte

Aber manchmal ist der Tag einfach nicht danach, es türmen sich andere Pflichten. Weil sie sich einerseits um ihr krankes Kind kümmern wollen, andererseits ihr Pflichtprogramm erledigen müssen, geraten Eltern leicht unter Druck: »Wie können wir allem gerecht werden?« Manchmal lassen sie sich dann auf einen faulen Kompromiss ein:

- Obwohl Papa unter Strom steht und es eilig hat, erfüllt er trotzdem noch fix den Wunsch seines Sprösslings – »schließlich ist der Junge krank!« – und macht ein bisschen Trallala, mehr pflichtbewusst als fröhlich, bevor er abschwirrt.
- Obwohl Brei füttern eindeutig nicht zu Mamas Lieblingsbeschäftigungen zählt, sie längst unruhig auf der Stuhlkante hibbelt und heimlich auf die Uhr schaut – »schon wieder gleich Abend!« –, macht sie nebenbei ein paar Fingerspielchen, um ihren kranken Frosch bei Laune zu halten; in Gedanken sitzt sie längst an ihrem Schreibtisch.

All diese elterlichen Bemühungen sind ziemlich umsonst. Zwar sehnt sich jedes Kind nach Zuwendung, aber nach echter. Den Unterschied zwischen »echt« und »aufgesetzt« nimmt auch schon ein Winzling wahr, denn von Beginn an hat er ein gutes Gespür für falsche Töne und verborgene Botschaften in den Äußerungen: für das, was nicht stimmt. Er ahnt, dass Mama und Papa nur ihm zu Gefallen Theater spielen und größeres Interesse heucheln, eigentlich aber mit ihren Gedanken und Gefühlen längst wegstreben. Mit halbherzigen Aktionen, mit So-tun-als-ob-Spielchen ist keinem Kind geholfen. Oft reagiert es entsprechend ärgerlich, wenn sich die Großen verstellen, und zeigt seinen Frust deutlich: Es pfeffert den gerade erst ergatterten Keks quer über den Tisch, guckt erbost unter seinem Pony hervor. Ist extra mieser Stimmung und signalisiert mit allem: »Kümmert euch um mich!« Wirkliches Interesse sollen sie an seinen Gefühlen haben.

Babys haben ein feines Gespür dafür, ob Mutter oder Vater sich wirklich auf seine Bedürfnisse einstellen mögen. Nur so tun als ob, das gilt nicht.

Was tun?

- Sich wirklich einbringen beim Spaß machen, sich von der Sehnsucht des Kindes nach Zuwendung anstecken lassen, die Situation genießen – ein Pingpongspiel der Gefühle veranstalten, von dem alle profitieren.

- Anregungen aufgreifen. Wenn Mama Reime aufsagt, Geschichten erzählt, Lieder singt, hängt das Baby an ihren Lippen und drückt mit gurgelndem Glucksen, mit seinem ganzen Körper größtes Einverständnis aus. Wunderbar, wenn die Mutter darauf einsteigt: mitgurgelt und mitgluckst. Ihr Baby genießt das Feedback, und manchmal gelingt ihm schon wieder ein Lächeln, obwohl ihm eigentlich gar nicht danach zumute ist.
Steigen Eltern genüsslich auf die Spiele ihres Kindes ein, beschäftigen sich einfach gerne mit ihm, dann geben sie ihrem Baby genau das, was es braucht, um schnell wieder gesund zu werden: eine Portion Aufmerksamkeit. Groß muss diese Portion nicht unbedingt sein, denn keiner erwartet von angestrengten Eltern, dass sie stundenlang zur Verfügung stehen und dauernd Lust auf kleine Spielchen haben – auch ihr Baby erwartet das nicht von ihnen. Es ist zufrieden mit vielen kleinen oder auch wenigen größeren Momenten inniger Zweisamkeit. Lassen sich Eltern dann total auf ihr Kind ein, so helfen sie ihm damit auch, sich besser zu fühlen und schneller zu genesen.

- Genau hinschauen, genau hinhören. Wer einem Baby seine volle Aufmerksamkeit schenkt, erntet nicht nur ein wunderbares Lächeln, sondern übt gleichzeitig das, was Kinder am dringendsten brauchen: Eltern, die zuhören können, die sich über das freuen können, was sie zu hören bekommen, und die ihrem Kind gerne antworten.

Die neuen Themen der Kinderärzte

Heutzutage sind die Kinder dank besserer Lebensbedingungen gesünder als die früherer Zeiten: dank besserer Vorbeugemaßnahmen, besserer Ernährung, besserer Wohnverhältnisse. So ist zum Beispiel die Säuglingssterblichkeit auf 0,5 Prozent zurückgegangen. Viele Kinderkrankheiten sind fast verschwunden, wie etwa die Kinderlähmung. Andererseits treten ganz neue gesundheitliche Störungen auf, bedingt durch Veränderungen der Umwelt und Fehlentwicklungen der Zivilisation:

- Jedes sechste Kind ist zu dick. Spätestens bei der Einschulung fällt das Übergewicht auf. Damit es gar nicht erst so weit kommt, frühzeitig auf gesunde Kost achten.
- Haltungsschäden mehren sich. Viele Kinder leiden heute unter Bewegungsmangel, was sich auf ihre gesamte Gesundheit negativ auswirkt. Dem Trend entgegenwirken und viel mit dem Baby turnen (siehe Seite 159).
- Allergien nehmen zu (siehe Seite 170).

Ein Tipp: Leidet das Kind unter Durchfall, nehmen Sie die letzte Windel zum Kinderarzt mit oder beschreiben Sie die Farbe von Stuhl und Urin.

Krankheitssymptome: Erbrechen und Durchfall

Zeigen sich Anzeichen von Krankheit, sollten Eltern ihr Baby genau beobachten. So lernen sie, harmlose von ernsthafteren Störungen zu unterscheiden. Sicherheitshalber sollten sie den Kinderarzt um Rat fragen.

Was tun, wenn das Baby erbrechen muss?

Im Schwall wird der Mageninhalt erbrochen, meist ganz plötzlich. Ein Baby erbricht häufiger – meistens kein Grund, sich Sorgen zu machen. Trotzdem ist es aus zwei Gründen wichtig, bei diesem Symptom immer den Kinderarzt zu konsultieren:

- weil das Erbrechen doch ein Hinweis auf eine ernst zu nehmende Krankheit sein kann und das abzuklären ist – je jünger das Kind ist, desto eher. Wichtige Informationen für den Arzt: Wie oft hat das Baby erbrochen und wann? Macht es einen kranken Eindruck (Fieber, Bauchweh)? Wie sah das Erbrochene aus: gallig, schaumig, verdaut, unverdaut, blutig?
- weil das Baby beim Erbrechen viel Wasser verliert, sein Organismus deshalb schnell austrocknet, vor allem wenn es gleichzeitig an Durchfall und Fieber leidet. Dieser Verlust an Flüssigkeit muss unbedingt ausgeglichen werden. Deshalb immer wieder zu trinken anbieten.

Was tun, wenn das Kind unter Durchfall leidet?

Ein Kind, das unter Durchfall leidet, scheidet dünnflüssigen, wässrigen Stuhl in großen Mengen aus, manchmal blutigen oder schleimigen Stuhl. Dieses Symptom ist ein ernst zu nehmendes Alarmzeichen, deshalb immer den Kinderarzt befragen,

- weil Durchfall auf eine Erkrankung hinweisen kann,
- weil das Baby durch den Durchfall viel Wasser verliert, sein Organismus deshalb schnell austrocknet, vor allem wenn es gleichzeitig an Erbrechen und Fieber leidet. Oft ist Durchfall auch mit Bauchweh verbunden. Der Flüssigkeitsverlust muss unbedingt ausgeglichen werden. Deshalb dem Baby immer wieder zu trinken anbieten.

Was trinkt ein Baby am besten?

Schreit ein Baby häufig, meldet es sich nach den Mahlzeiten bald wieder, kann das auf Durst hinweisen, vor allem im Sommer. Der Winzling braucht viel Flüssigkeit: pro Kilogramm Körpergewicht etwa 100 bis 140 Milliliter.
Vorweg: Ein Säugling, der seine tägliche Ration trinkt, braucht normalerweise keinen Tropfen Flüssigkeit extra, auch nicht bei warmem Sommerwetter. Sowohl die Muttermilch als auch die nach Vorschrift zubereitete Flaschennahrung enthält ausreichend Flüssigkeit. Gegen ein paar Extraschlückchen Tee oder Wasser ist nichts einzuwenden. Im Breialter braucht das Baby dagegen Getränke zu jeder Mahlzeit oder auch zwischendurch. Aber was soll es trinken?

- Leitungswasser – bei uns streng kontrolliert und deshalb in Ordnung (Vorsicht allerdings bei alten Kupferrohren!). Wer sichergehen will, kann beim Wasserwerk nachfragen.
- Abgekochtes Mineralwasser, das ausdrücklich für Säuglinge geeignet ist.
- Selbst gekochter Tee: Früchtetee. Den Tee am besten morgens zubereiten und dann auf Zimmertemperatur abkühlen, eventuell verdünnen. Kräutertee nicht jeden Tag geben, denn die darin enthaltenen ätherischen Öle belasten ein Baby. Fencheltee, besonders beliebt bei Babymüttern, soll weniger empfehlenswert sein als bislang angenommen. Deshalb mit dem Kinderarzt besprechen, wie viel Fencheltee ein Baby trinken darf. Den Tee nicht süßen.
- Fruchtsäfte sind weniger gut geeignet, weil sie zu viel (natürlichen) Zucker enthalten und damit zu viele Kalorien. Wenn Saft, dann bitte im Verhältnis 1:5 stark mit Wasser verdünnen.

Wasser, Tee oder verdünnten Saft – alle Getränke so bald wie möglich in einem Becher anbieten. Dem Baby kein Fläschchen zur Selbstversorgung überlassen, denn die leichte Kunststoffflasche wird schnell zum Dauerspielzeug. Die Folgen: Das Kind gewöhnt sich an die Nuckelei, kann richtig süchtig nach dem Fläschchen werden. Das schadet nicht nur den Zähnen (verdünnt den zahnschützenden Speichel), sondern kann auch dazu führen, dass das Kind zu große Mengen Flüssigkeit zu sich nimmt, außerdem aus Gewohnheit trinkt, und nicht, weil es Durst hat.

Spuckbabys

Nach einer Mahlzeit speit ein Baby mit dem Bäuerchen oft noch einen Schwall Milch aus. Auch Stunden nach einer Mahlzeit kann das noch vorkommen: Wenn das Kind herumgetragen wird. Wenn es auf dem Bauch liegt. Wenn es in den Armen seiner Mama schaukelt. Spucken Kinder die Milch im hohen Bogen wieder aus, reagieren viele Mütter beunruhigt: Wann wird aus einem harmlosen Speien das nicht so harmlose Erbrechen? Zwischen Spucken, Speien und Erbrechen besteht kein Zusammenhang. Babys spucken, weil der Muskel, der Magen und Speiseröhre trennt, noch nicht perfekt ausgebildet und funktionsfähig ist. Nimmt das Baby ausreichend zu und ist putzmunter, obwohl es einen Teil der gerade getrunkenen Milch regelmäßig wieder ausspuckt, müssen sich Eltern keine Sorgen machen. Mit der Zeit, wenn ihr Kind immer häufiger feste Nahrung zu sich nimmt, gibt sich das Problem normalerweise.

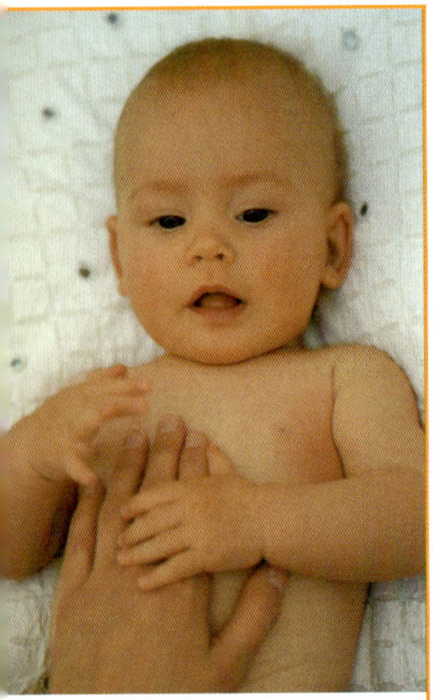

Zärtliche Streicheleinheiten bauen Stress ab und unterstützen den Heilungsprozess.

Kuscheln, schmusen: Nähe und Wärme geben

Kuscheln, kraulen, kitzeln – die schönsten und die wichtigsten aller Spiele. Streicheln und schmusen, das muss einfach sein: Gut für die Haut. Gut für Geist und Seele. Jedes kleine Kind scheint das zu wissen, denn es will am liebsten immer nahe bei Mama und Papa sein, jede Menge Zärtlichkeiten tanken. Wenn es sich mies fühlt und durchhängt, dann braucht es noch eine Extraration Zärtlichkeit. Der allerbeste Zuspruch für einen kranken Hasen: Mama pustet in den Nacken, Papa küsst den Bauchnabel. Oder Mama nimmt ihr Kind fest in die Arme, und Papa wiegt es später auf seinem Schoß.
Eine Schmusestunde kann Wunder wirken: Macht aus einem miesepetrigen, gereizten Kranken wieder ein Baby, das trotz Halswehs ein vorsichtiges Lächeln wagt, und aus besorgten Erwachsenen entspanntere Wesen, die Medizinfläschchen und Fieberthermometer ein Momentchen vergessen, die Mut fassen, wenn sie in zärtliche und erwartungsvolle Babyaugen blicken und wissen: Bald werden die Augen wieder strahlen.
Plötzlich wachsen den Großen Flügel, und sie wissen ganz sicher, wenn der kleine Sohn, die kleine Tochter Arme und Händchen nach ihnen ausstreckt: »Zusammen sind wir stark! Wir stehen diese Kranktage schon durch!« Selbst wenn die Nase noch so trieft, der Husten gar nicht gut klingt oder der Bauch reichlich grummelt, macht sich dann ein Hauch von Wohlgefühl breit.
Durch Knuddeln und Kuscheln, durch viel Hautkontakt wird ein unruhiger Geist besänftigt – nicht nur ein Kind, sondern auch ein Erwachsener fühlt sich schnell besser –, weil Zärtlichkeit Stress abbaut. Werden kranke Babys liebevoll geherzt und gestreichelt, gewinnen sie langsam wieder Boden unter den Füßen, denn beim Schmusen wird dem Gehirn signalisiert, auf Entspannung umzuschalten.
Allerdings gibt es auch Kinder, die vom Streicheln wenig halten – erst recht nichts, wenn sie kränkeln und schlechter Stimmung sind. Sie reagieren nervös auf Zärtlichkeiten, werden noch unruhiger oder ziehen sich zurück. Das sollten Eltern respektieren und nicht in den Fehler verfallen, ihren Sprössling zu herzen und zu kosen, obwohl ihm das im Moment gegen den Strich geht.

Zärtlichkeiten stärken das Immunsystem

Babys, die viel Zuneigung zu spüren bekommen, häufig gestreichelt und geküsst werden, gedeihen nicht nur besser, sondern sind auch seltener krank als Kinder, die nur selten Zärtlichkeiten erfahren. Der Grund: Wer fest in die Arme genommen wird, produziert mehr von dem Glückshormon Oxytozin; dies haben wissenschaftliche Untersuchungen ergeben. Und dieses Hormon macht nicht nur froh, sondern stärkt darüber hinaus die Widerstandskräfte. Flüchtet sich ein Kind in Mamas Arme, weil es sich müde fühlt und Halt sucht, oder schlingt es die Arme um Papas Hals, dann übertragen sich die Energie und gleichzeitig auch die Ruhe, die von den Großen ausgehen. Das kraftlose, kranke Kind kann auftanken, sich die Stärke holen, die ihm im Moment fehlt. Deshalb sind die Eltern in solchen Momenten besonders gefragt: Sie sollten auf die Zärtlichkeitsbedürfnisse ihres Kindes liebevoll eingehen, denn unter einer Zurückweisung leidet jedes Kind, ein krankes aber besonders. Ein Baby, das sehnsüchtig nach seiner Mama Ausschau hält oder auf seinen Papa zukrabbelt, sehnt sich genau in diesem Augenblick nach Nähe und Wärme und will nicht auf später vertröstet werden.

Schmusespiel

Ein Krokodil
schwamm im Nil,
fraß sehr viel,
fraß ratzeputz,
schnutzerutz
den kleinen Wutz

Krokodil spielen und so tun, als wolle man das Baby mit Haut und Haaren verschlingen.

Vom Kummer ablenken

Kinnewippchen,
rote Lippchen,
Stuppelnäschen,
Augenbräunchen,
zipp-zipp Härchen.

Das Kinn, den Mund, die Nase, die Augenbrauen zärtlich streicheln und ganz vorsichtig an den Haaren zupfen.

Streicheln ist lebenswichtig

Die Haut hat große Bedeutung für die körperliche und seelische Entwicklung. Ohne die Sinnesreize, die über die Haut aufgenommen werden, könnte ein Baby nicht gedeihen. Beim Streicheln, Drücken und Massieren werden die Hautreize über Millionen von hochempfindsamen Sensoren wahrgenommen. Alle Empfindungen zwischen rau und glatt, warm und kalt, hart und weich werden an das Gehirn weitergeleitet. Je angenehmer die Gefühle, desto tiefer prägen sie sich ein, und desto eher können sie wieder abgerufen werden. Berührungen vermitteln einem Kind also nicht nur die Erfahrung von Liebe und Geborgenheit, sondern stimulieren seine gesamte Entwicklung.

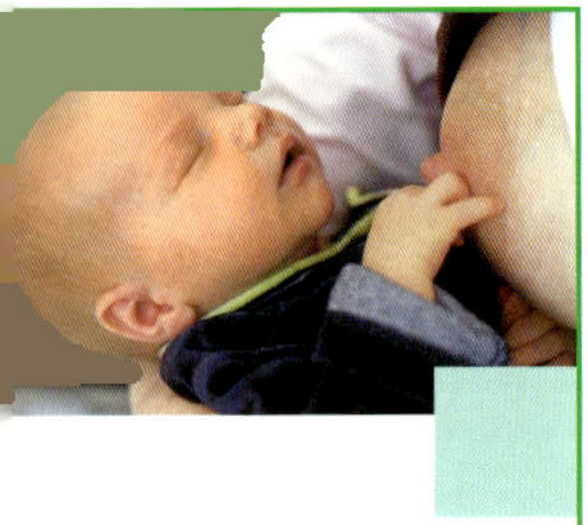

Worauf ein Husten außerdem hinweisen kann:

- Virusinfekt
- Keuchhusten und andere Kinderkrankheiten
- Asthma
- Bronchitis
- Pseudokrupp

Krankheitssymptome: Appetitlosigkeit und Husten

Die meisten Krankheitsbilder setzen sich wie ein Mosaik aus mehreren Symptomen zusammen. Aufgabe der Eltern ist es, die einzelnen Symptome möglichst genau zu beobachten und zu beschreiben, Aufgabe des Arztes, die Diagnose zu stellen.

Was tun, wenn das Baby keinen Appetit hat?

Ist sein Wohlbefinden gestört, bahnt sich zum Beispiel ein Infekt an, vergeht einem Baby der Appetit. Es mag nicht trinken und zeigt seine Ablehnung auch deutlich. Appetitlosigkeit ist eine gesunde Reaktion; der Organismus hat jetzt anderes zu tun, als sich mit Verdauung zu belasten. Mag ein Kind nicht mehr trinken und hält diese Unlust an, sollte der Arzt befragt werden. Er kann die Ursache der Störung abklären, sagen, was zu tun ist – zum Beispiel:

- Stillbabys kürzer, aber dafür häufiger anlegen. Muttermilch stärkt die Abwehr- und Heilungskräfte nachhaltig und ist auch deswegen unentbehrlich.

- Flaschenkinder eventuell mit verdünnter Nahrung füttern. Mit Tee und Traubenzucker verdünnen.

Wenig Lust auf die nächste Mahlzeit?

In den ersten zwölf Lebensmonaten sollte ein Baby kontinuierlich zunehmen; wie viel Gramm pro Woche ist dabei gar nicht so entscheidend. Als Durchschnitt gelten 200 bis 300 Gramm. Nimmt ein Kind nicht zu, nimmt es sogar ab, kann die Ursache in einer Essstörung oder in einer Erkrankung liegen.
Weil Mütter die Verantwortung dafür tragen, dass ihr Kind wächst und gedeiht, nehmen sie diese Vorgaben in der Regel sehr genau, manchmal zu genau. Die Folge: Wenn ihr Baby nicht trinken mag, entwickeln sie Angst, ihrer Verantwortung nicht gerecht zu werden, egal ob sie stillen oder Säuglingsnahrung füttern, und reagieren entsprechend angespannt. Verzweifelt versuchen sie, ihr Kind dazu zu bringen, doch bitte, bitte zu trinken. Meistens vergeblich. Der Grund: Das Baby spürt die mütterliche Anspannung, lässt sich davon anstecken und reagiert mit Verweigerung.
Wie kann man einer Mutter die Angst nehmen, ihr Baby bekomme nicht genug Nahrung und gedeihe deshalb nicht richtig? Wie kann man den Teufelskreis durchbrechen?
Vermeiden Sie die häufigsten Fehler. Aus Sorge um die Gesundheit ihres Babys tun viele junge Mütter gerade das, was sie unbedingt lassen sollten. Einige Beispiele:

- Nie mit Zwang füttern. Will der kleine Spatz nicht trinken oder macht er beim Breifuttern Sperenzchen, wird der eigene Druck weitergegeben: Jeder Schluck Milch, jeder Löffel Brei wird zum großen Thema. Die Ernährung steht unter dem Motto: »Wir halten uns an die Menge, die vorgegeben ist!« Kein Wunder, wenn ein Baby sein Mündchen nun erst recht nicht öffnet.
- Nicht peinlich genau nach Vorschrift handeln. Ernährungstabellen werden als strikte Richtlinie verstanden und entsprechend wichtig genommen. Da Babys aber ausgeprägte Individualisten sind, die sich nicht immer genau nach Vorschrift verhalten, kommt man damit oft nicht weiter.
- Nicht versuchen, um jeden Preis alle guten Ratschläge von Mutter, Schwiegermutter, Schwägerin zu beherzigen. Jeder sagt etwas anderes, so ist es nicht verwunderlich, dass sich dadurch höchstens der sowieso schon vorhandene Druck erhöht. Die Tipps sind deshalb meist keine Hilfe.

Husten ist ein wichtiges Symptom, das dem Arzt bei seiner Diagnose hilft.

Wie kommt man wieder heraus aus dieser Sackgasse?

- Das Baby beobachten. Seine Mimik und Gestik studieren, seine Signale wahrnehmen, sie zu verstehen versuchen – Kopf zur Seite drehen heißt eindeutig: Ich will nicht mehr! – und darauf eingehen. Aber bitte nicht bei dem nächsten kleinen Pieps sofort wieder mit der Flasche in der Hand oder stillbereit parat stehen, sondern erst einmal abwarten.
- Die angespannte Atmosphäre entschärfen, den Stress entkrampfen.
- Sich informieren, Informationen aber nur als Orientierungshilfe verstehen, nicht als großes Muss.
- Gelassenheit zeigen (leichter gesagt als getan). Ruhe ausstrahlen. Möglichst entspannt mit dem Thema Ernährung umgehen, auch wenn nicht alles wie am Schnürchen klappt. Den Balanceakt üben zwischen »locker bleiben« und »verantwortungsvoll handeln«.
- Den Neuankömmling nicht in den Mittelpunkt allen Sinnens und Trachtens stellen. Ihn nicht zum einzigen großen Familienthema erklären, und seine Ernährung schon gar nicht. Mit dem Kinderarzt im Hintergrund müssen Eltern keine Angst haben, Wesentliches zu versäumen.

Was tun, wenn das Baby unter Husten leidet?

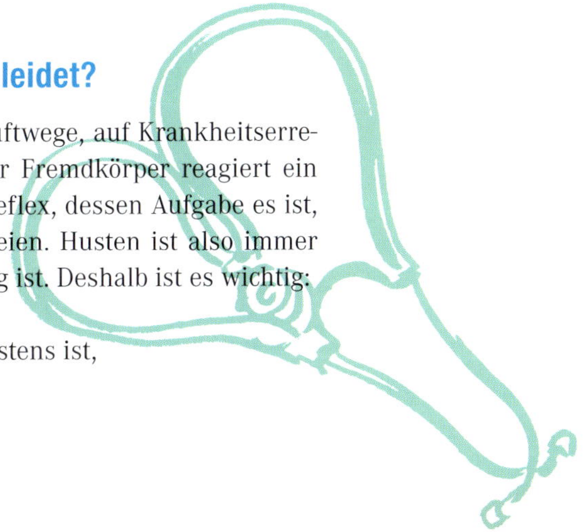

Auf Reizungen des Rachens oder der oberen Luftwege, auf Krankheitserreger in diesem Bereich oder auf Allergene oder Fremdkörper reagiert ein Baby mit Husten. Husten ist ein angeborener Reflex, dessen Aufgabe es ist, die Atemwege von schädlichen Stoffen zu befreien. Husten ist also immer ein Hinweis darauf, dass etwas nicht in Ordnung ist. Deshalb ist es wichtig:

- herauszufinden, was die Ursache des Hustens ist,
- den Husten zu lösen.

Dicke Tränen – das Weinen zulassen

Gerade auf die Welt gekommen, schreien Babys mehr, als dass sie weinen – mit zugekniffenen Augen und tränenlos zeigen sie uns ihre Verzweiflung. Erst im fünften, sechsten Lebensmonat fließen bei Kummer und Schmerzen die ersten dicken Tränen. Mit Hilfe von Schreien und Weinen drückt ein Kind aus, was es mit Worten noch nicht sagen kann: »Ich weiß nicht weiter!« oder »Ich fühle mich miserabel!« Wer einem weinenden Kind in die Augen schaut, entdeckt darin seine blanken Gefühle – direkt, unmissverständlich.

Tränen können nicht nur Balsam für die Seele sein; sie sind auch ein wirkungsvolles Mittel gegen körperliche Schmerzen, wie Forscher herausgefunden haben.

Weinen: ein Hilferuf

In den ersten Lebensmonaten ist ein Säugling völlig hilflos. Sein Weinen ist die einzige Möglichkeit, andere auf sich aufmerksam zu machen. Mit seinem Geschrei signalisiert er Wünsche wie »Ich habe Hunger!« oder »Ich will nicht länger allein sein!« Erst zwischen dem dritten und sechsten Lebensmonat lernt ein Baby, mit Hilfe seines Weinens Gefühle auszudrücken wie »Ich fühl mich einsam, weil keiner nach mir schaut!« oder »Ich habe Angst, weil Fremde um mich sind!« Die Tränendrüsen sind ein Überflussventil für angestaute Gefühle. Die Tränen fließen, wenn sich ein Kind unbehaglich fühlt, wenn es leidet, verzweifelt und in großer Sorge, ängstlich oder wütend ist.
Tränen sind ein besonderer Saft. Forscher konnten darin Substanzen – Endorphine – nachweisen, die schmerzlindernd wirken und die Stimmung positiv beeinflussen. Das Weinen ist also gesund, baut Stress ab, verschafft Linderung, hilft und heilt, wirkt sich wohltuend auf Seele und Geist aus. Weinen beruhigt aufgeputschte Gefühle, kühlt erhitzte Gemüter ab, ist eine wohltuende Dusche und sorgt dafür, dass es dem Weinenden wieder besser geht. Danach erscheint alles wieder in Ordnung. Das kleine Menschenkind hat neue Kräfte getankt und fühlt sich einfach um Klassen besser.

Tränen nicht zu wichtig nehmen

Tränen werden nicht nur im stillen Kämmerlein geweint, sondern sind ein Hilferuf – ein Zeichen, das bedeutet: »Mir ist elend zumute! Kümmert euch um mich!« Dieses Alarmzeichen wird wahrgenommen, weckt ein Gefühl von Verantwortung, von Rührung und Mitleid. Es mobilisiert Eltern, Großeltern, Geschwister, die Mut machen, Trost zusprechen und sich sofort bereit finden, alles zu tun, damit die Tränen schnell versiegen. Dies ist nicht immer der richtige Weg, denn manchmal braucht ein Kind Zeit zum Weinen. Werden seine Tränen sofort und immer weggeküsst, fühlt es sich in seinem Leid vielleicht unverstanden.

Manche bewerten das Weinen als Schwäche. Vor allem kleine Jungen werden auch heute noch mit Merksätzen traktiert wie: »Ein Mann – und sei er noch so klein – weint doch nicht!« oder »Reiß dich zusammen!« oder »Sei keine Memme!« Mit solchen Bemerkungen wird der Grundstein für eine bedenkliche Entwicklung gelegt. Denn heißt es zu Hause häufig: »Nicht weinen!«, dann suchen sich Kummer und Leid schließlich auf Umwegen ihre Bahn, können krank oder unglücklich machen, etwa Bauchweh oder Kopfschmerzen verursachen.
Wer dagegen schon früh gelernt hat, sich richtig auszuheulen, wenn ihm danach ist, kommt wahrscheinlich besser zurecht: Die Nöte setzen sich nicht fest, belasten die Seele weniger. Die dicken Tränen spülen die Sorgen und den Kummer einfach weg.

Weinen ja, aber nicht bei jedem Wehwehchen

Tränen sind gesund. Sie sollten weder tabuisiert noch gleich weggewischt werden, andererseits aber nicht zu üppig fließen, nicht zu wichtig genommen werden. Denn ein Kind, das dauernd schon bei kleinsten Belastungen in Tränen ausbricht, wird später von seinen Altersgenossen leicht als Weichei oder Heulsuse abgestempelt. Nicht zu viel, nicht zu wenig weinen – auch bei Tränen kommt es auf eine verträgliche Dosis an.
Sind die Tränen versiegt, machen sich die Großen häufig Gedanken: Hat das Kind mit dem Weinen seine Belastungen verkraftet, oder bleiben Spuren zurück? Bei alltäglichem Geschehen besteht kein Grund zur Sorge, denn nach den Tränen zeigt sich die Welt meist in rosigerem Licht. Das, was es durchgemacht hat, ist passé, halb vergessen. Aber natürlich ist die helfende, heilende Wirkung von Tränen begrenzt: Den wirklich großen Kummer, intensives Leid können sie nicht wegschwemmen.

Tränen: nicht nur für die Seele, sondern auch für den Körper gut

- Tränen reinigen. Sie fließen manchmal, um die Oberfläche der Hornhaut rein zu halten, sind ein Mittel, schädliche Außeneinflüsse oder Mikroorganismen zu beseitigen.
- Tränen schützen. Sie treten in die Augen, um vor Schadstoffen zu bewahren, wie Dämpfen und Säuren.
- Tränen heilen. Wissenschaftler haben herausgefunden, dass in der Tränenflüssigkeit Substanzen enthalten sind, die den Heilungsprozess von Entzündungen und Wunden beschleunigen.
- Tränen regen die Bildung von Flüssigkeit an, sorgen für feuchte Schleimhäute, die weniger anfällig für Infektionen sind.

Kontakt aufnehmen mit dem Arzt. Weil ein Baby oder Kleinkind noch nicht eindeutig sagen kann, wo genau und wie sehr ihm etwas wehtut, fällt es Eltern und Medizinern schwer, zu erkennen, was eigentlich los ist. Die Diagnose des Arztes abwarten.

Krankheitssymptom: Schmerzen

Eltern können die Schmerzen nicht einordnen – wie reagiert ihr Baby darauf? Ist es besonders empfindsam, hält es einiges aus oder bekommt es noch gar nicht richtig mit, was ihm geschieht?

Vor einiger Zeit noch waren Mediziner der Meinung, ein Baby könne Schmerzen nur in geringem Maße empfinden. Heute wissen Ärzte und Eltern, dass ein kleines Kind Schmerzen sehr wohl und intensiv empfinden kann. Viele tun sich aber immer noch schwer damit, die Leiden kleiner Patienten zu erkennen und richtig darauf zu reagieren.

Schmerzen kennt sogar schon ein Ungeborenes. Von der 22. Woche der Schwangerschaft an nimmt sein Gehirn Reize wahr – angenehme und unangenehme. Seine Reaktionen darauf reichen von Reflexen bis zur Beschleunigung des Herzschlags. Später kann der Piks beim Impfen reichen, um ein Baby in Angst und Schrecken zu versetzen. Mit lautem Gebrüll tut es seine Empörung und sein Unbehagen kund. Je intensiver der Schmerz, desto lauter sein Gebrüll.

Schmerzen sind ein Alarmzeichen, dass im Körper etwas nicht stimmt. In fast allen Bereichen des Körpers befinden sich so genannte Schmerzrezeptoren: Nerven, die Alarm schlagen, wenn es in ihrer Region zu einer gesundheitlichen Störung kommt. Diese »Antennen« geben die Botschaft über das Rückenmark an das Gehirn weiter. Dort wird das Signal bewertet und der Schmerz als geringfügig oder besonders stark eingeordnet.

Schmerz ist keine feste Größe. Jedes Kind empfindet ihn auf seine eigene Art. Nimmt das eine, wenn es sich geringfügig gestoßen hat, dieses kleine Wehwehchen bereits als besonders heftig wahr, fühlt sich das andere in gleicher Situation noch recht wohl. Dass schon Babys sich an Schmerzen erinnern können, kann jeder Kinderarzt bestätigen. So schreit mancher Winzling beim zweiten Impftermin schon, kaum dass er die Spritze sieht.

Schmerz wirkt lange nach. Hatte ein Säugling in seinen ersten Lebensmonaten bereits viel Leid auszuhalten, verbunden mit Angst, so wird er auch später empfindlich und ängstlich auf Schmerzen reagieren, haben Experten herausgefunden, denn diese ersten Empfindungen prägen sich tief ein.

Wie reagieren die Eltern auf Schmerzen?

Zum einen leiden sie mit – selbst bei kleineren Wehwehchen. So ist der Piks beim Impfen nur Sekundensache, alle können danach sofort wieder aufatmen: Vorbei – kein Grund mehr, sich aufzuregen. Trotzdem versetzt der Piks Kind und Eltern in Angst und Schrecken. (Oft macht der Schmerz weniger zu schaffen als die Angst.)

Zum anderen macht ihnen die Ungewissheit zu schaffen, die mit Schmerzen oft verbunden ist. Bei einem Ratscher an der Hand, einem aufgeschlagenen Knie, einer Beule am Kopf wissen sie wenigstens, wie auch beim Impfpiks, woher der Schmerz rührt. Können sie sich die Ursache des Schmerzes dagegen nicht erklären, reagieren sie sehr irritiert. Ein Beispiel: Der Bauch tut höllisch weh, ihr Kind schreit vor Schmerzen. Natürlich denken sie daran, im Bauch könnte eine Entzündung toben, sind sich ihrer Sache aber eben nicht sicher. Und wie sollen sie sich verhalten? Bei einer Blinddarmentzündung wäre ein Eisbeutel das Richtige, bei harmloserem Bauchweh würde ein warmer Umschlag Linderung bringen. Unter ihrer Hilflosigkeit leidend, darunter, dass sie ihrem Baby seine Schmerzen nicht nehmen können, neigen Erwachsene in ihrer Verzweiflung dazu, genau das zu tun, was sie bestimmt nicht tun sollten:

- Verschließen die Augen, auch um sich selbst zu schützen. Nehmen die Schmerzen kaum wahr, verdrängen, dass ihr Baby leidet. Erstaunlicherweise ist diese Haltung nicht selten.
- Geben Zäpfchen bei Bauch-, Kopf- oder Ohrenschmerzen. Verordnen ihrem Kind ein Schmerzmittel ohne Rücksprache mit dem Arzt.
- Trösten mit Sätzen wie: »Ist nicht so schlimm!« oder »Ist gleich vorbei!«, obwohl sie sich ihrer Sache nicht sicher sind. Falsche Mutmachersätze schaden nur, denn auch ein kleines Kind merkt bald, wenn ein Versprechen nicht eingehalten wird. Die bittere Erfahrung, seinen Eltern nicht ganz vertrauen zu können, verstärkt das Unwohlsein statt es zu nehmen.

Zeigen Mutter und Vater deutlich, dass sie sich auf den Arzt verlassen, dass sie Vertrauen zu ihm haben, dann fällt es ihrem Kind ein wenig leichter, auch eine schmerzhafte Untersuchung mit sich geschehen zu lassen. Damit der kleine Piks beim Impfen oder Blutabnehmen seinen Schrecken verliert, wird in manchen Praxen heute ein Oberflächen-Betäubungsmittel eingesetzt.

Was tun?

- Trösten. Die Beule am Kopf tut nur noch halb so weh, wenn Papa pustet oder wenn Mama ein Küsschen gibt. Außerdem wirkt es beruhigend, Blickkontakt mit dem Kind zu halten und zu reden.
- Ablenken. Das Baby mit seinem Schnuller beschäftigen, denn bei geringen Schmerzen können kleine Ablenkungsmanöver helfen. Ein Lied singen oder ein Fingerspiel inszenieren.

Wunderbar, wenn sich die Mutter ihrem Baby zuwendet. Alle Missstimmungen und Belastungen werden dann nur noch als halb so schlimm empfunden.

Von Beschwerden ablenken – aber wie?

Kranke Kinder weinen viel. Meistens sind ihre Eltern sehr darum bemüht, sie ihren Kummer vergessen zu lassen. Weitere »Tricks«, die helfen: kleine Ablenkungsmanöver, damit das Baby sein Leid für ein Momentchen vergisst.

- Vorm Fiebermessen wird das Mobile, das über dem Wickeltisch baumelt, mit so viel Schwung in Bewegung versetzt, dass es dramatisch schwankt, dadurch die Aufmerksamkeit des Babys weckt und ganz in Anspruch nimmt. Damit ist das Fieberthermometer plötzlich uninteressant.
- Beim Anlegen von Wadenwickeln: Ein Radio in der Nähe platzieren. Während der Prozedur das Radio häufiger an- und ausstellen, möglichst unterschiedliche Programme bieten, damit das Baby über die Töne und Geräusche staunen kann, die der Apparat ausspuckt.
- Beim Impfen: Mit Fingern auf einer Babyhand spazieren gehen, mit den Fingerspitzen ruhig etwas fester drücken und darauf hoffen, dass dieser kleine Druck vom intensiveren Impfpiks ablenkt.
- Beim Untersuchen: Ein Punkt-Punkt-Komma-Strich-Gesicht schnell mit einem Kugelschreiber auf die Hand zeichnen. Die Hand dann vor den erstaunten Babyaugen herumkaspern lassen, damit sich das Kind ganz auf das Kasperletheater konzentriert und den Doktor dabei fast vergisst, der sich derweil mit ihm beschäftigt.
- Vorm Pflasteraufkleben: Mit Filzstiften einen großen bunten Schmetterling auf das Pflaster zeichnen.
- Beim Verbandwechseln: Dem Baby ein Spielzeug in die Hände geben, das es normalerweise nicht gibt, sondern nur bei Krankheit oder Verletzung, und das einen besonderen Reiz ausübt.
- Bei Bauchweh: Mit dem Kind auf dem Schoß am Tisch sitzen, Mutters Hand liegt dabei wie eine Wärmedecke auf dem Babybauch. Oder mit dickem gelbem Filzstift eine große Sonne mit zehn Sonnenstrahlen auf Papier zeichnen, dem Baby das Bild zeigen, dann jeden Sonnenstrahl mit dem Finger nachzeichnen und dazu erzählen: »Der erste Sonnenstrahl scheint auf Omas Haus!« Dann: »Der zweite Sonnenstrahl kitzelt unseren Hund an der Nase!«

Beim Spielen allen Kummer vergessen

Wenn ein krankes Kind, das unter Schmerzen leidet, fasziniert seine Hände betrachtet, sie dreht und wendet oder versucht, seinen großen Zeh in den Mund zu stecken und daran zu nuckeln, bitte nicht vom Augenschein täuschen lassen: Das Spielen ist nicht unbedingt ein Hinweis darauf, dass sich der kleine Kranke besser fühlt, sondern kann eine eigene Methode sein, sich selbst von seinen Beschwerden abzulenken.

Nicht zu viel Tamtam um das kranke Baby machen

Ist das kranke Baby auf dem Weg der Besserung, bemühen sich alle, es zu unterhalten – Eltern, Großeltern, Geschwister. In bester Absicht kaspern sie um das Bettchen herum, schneiden Grimassen und flöten in den höchsten Tönen. Zeigt das Theater, das sie veranstalten, endlich Wirkung, schenkt ihnen der kleine Sohn, die kleine Tochter wieder ein vorsichtiges Lächeln, atmen alle auf: »Langsam wird's ja wieder!« Und jubeln: »Jetzt bist du wieder der Alte!« Erleichtert über die ersten Anzeichen von Besserung übersehen die besorgten Vertrauten, dass ihre Ablenkungsmanöver und Mutmacher-Parolen von dem Patienten auch missverstanden werden könnten:

Eigentlich sollen ihre Versuche, den Kranken abzulenken, zum Ausdruck bringen: »Wir stehen dir zur Seite. Wir wollen es dir leichter machen, mit deiner Krankheit fertig zu werden, und wollen dir helfen, damit du weniger leiden musst!«

Stattdessen könnte bei dem kleinen Patienten eine ganz andere Botschaft ankommen: »Sie wollen, dass ich schnell wieder gesund werde! Ich soll mich anstrengen, soll wieder munter werden – so fidel, wie ich vorher war und wie sie mich gerne haben: rundum pumperlgesund!«

Deshalb ist es wichtig, einem Baby neben allen Ablenkungs- und Trostversuchen vor allem das Gefühl zu vermitteln, dass es in aller Ruhe genesen kann. Schnell gesund werden? Ja sicherlich, aber nicht etwa, damit sich die Großen wieder entspannen können und ihre Ruhe haben, sondern weil sich alle gemeinsam wünschen, dass es dem Baby wieder gut geht.

Die Heilehand

Wir legen meine rechte Hand
auf den Ratscher als Verband.
Wir zählen dann bis drei,
ist dann der Schmerz vorbei?
Die Hand da auflegen, wo's wehtut.

Noch so klein, noch so zerbrechlich – die ersten Krankheiten schlauchen ein Baby besonders und seine Eltern auch: Wenn sie ihm diese Belastung doch ersparen könnten!

Die ersten Erkrankungen: meistens Virusinfekte

Babys werden von Erwachsenen gerne mit ihren Altersgenossen verglichen. Manche Mutter, mancher Vater hat dann das Gefühl, ihr kleiner Schatz huste häufiger, leide öfter an Bauchweh, sei einfach viel kränker als andere Babys. Ein erfahrener Kinderarzt versucht die aufgescheuchten Eltern zu beruhigen: »Es ist nicht außergewöhnlich, dass ein Baby krank ist. Das gehört zum Großwerden dazu!« Hat es sich angesteckt, dann erkrankt ein Baby besonders häufig, da seine Widerstandskräfte noch nicht ausreichen, um die Erreger abzuschmettern. Diese setzen sich fest, häufig auf der Schleimhaut zwischen Nase und Rachen. Bei einem Kleinkind sind bis zu acht Infektionen pro Jahr normal, zum Beispiel Mandelentzündungen, Atemwegsinfekte, Mittelohrentzündungen oder akute Durchfallerkrankungen.

Nach dem Virusinfekt eine weitere Krankheit

Die erste Krankheit, die ein Baby durchmacht, ist meist eine Virusinfektion. Bleibt es dabei, ist das Kind in der Regel nach etwa einer Woche wieder munter. Da sein Immunsystem durch den Kampf gegen die Viren aber geschwächt ist, kommt zu der Viruserkrankung nicht selten eine weitere dazu – etwa eine durch Bakterien verursachte Krankheit, zum Beispiel eine Mittelohrentzündung.

Kaum davon genesen, wird das Baby häufig erneut krank: Die nächste Infektion kündigt sich an. Erst wenn es etliche Virusinfektionen durchgemacht hat, ist es gegen die Viren immun, die diese Infektionen ausgelöst haben. Ein Trost für Eltern: Mit jeder neuen Infektion stabilisiert sich in der Regel der Gesundheitszustand ihres Kindes: Gegen viele Viren, die herumschwirren, wird es mit der Zeit immun. Außerdem funktioniert sein Immunsystem nach und nach immer perfekter: Seine Widerstandskräfte nehmen deutlich zu.

Oft gelingt es den Viren, sich auf der Schleimhaut zwischen Nase und Rachen festzusetzen. Dann kommt es meistens zu einer Erkrankung der Atemwege.

Erkrankungen der Atemwege

und was Eltern tun können

Irgendwann ist der erste Infekt da, der erste Schnupfen oder die erste Halsentzündung. Die normalerweise sehnlich erwartete Mahlzeit wird verschmäht, das Baby ist gereizt, unruhig, schreit viel und macht die Nacht zum Tage. Im Laufe der ersten Lebensmonate steht dieser erste Infekt an: Das Kind hustet, schnieft – ängstlich von seinen Eltern beobachtet: Wie wird es mit der Erkältung fertig? In der Regel besteht kein Grund zur Aufregung, denn die meisten Babys verkraften diese gesundheitlichen Belastungen recht gut, die auch ihr Gutes haben, denn mit jedem Infekt wachsen die Widerstandskräfte.

Infektionen der oberen Luftwege

Die ersten Infektionen, die ein Baby durchmacht, sind meist Erkrankungen der Luftwege. Sie werden von den Eltern nicht immer gleich erkannt, weil der kleine Patient mitunter zu Beginn der Krankheit weder schnupft noch hustet: Nichts zu sehen von typischer Erkältung.

Anzeichen: Der kleine Liebling ist »nur« unausgeglichen, hat keinen Appetit und verhält sich anders als normal – zeigt also nicht unbedingt die Symptome, die auf einen Atemwegsinfekt hinweisen könnten. Manchmal fiebert das Baby, manchmal auch nicht.

- Bei Fieber kann es noch weitere Tage dauern, bis sich Husten und Schnupfen einstellen werden.
- Ohne Fieber kommen Husten und Schnupfen meist früher dazu.

Erkältungen werden durch Krankheitserreger verursacht, nicht durch Kälte, wie viele meinen.

Ursachen: eine Virusinfektion. Die Erreger setzen sich meist auf die Schleimhaut zwischen Nase und Rachen. Es kann eine Weile dauern, bis deutlich wird, dass ein Baby infiziert ist und erste Erkältungssymptome spürt. Nicht selten läuft einem kleinen Kind bis zu 30-mal pro Jahr die Schnupfennase, und ebenso oft hustet es. Kein Wunder, dass in einer Kinderarztpraxis am häufigsten Patienten mit Atemwegserkrankungen anzutreffen sind – genauer gesagt: Kinder, die unter Erkrankungen der oberen Luftwege im Nasen- und Rachenbereich leiden.

Erkältung hat nichts mit Kälte zu tun

Meistens fängt sich ein Baby während der Wintermonate einen Infekt ein. Deshalb glauben nicht wenige Mütter, dass Kälte und Infekt miteinander verknüpft sind. Dies ist ein Irrtum, denn Ursache der Erkrankung sind allein die Viren. Wieso erkranken dann so viele Kinder bei Nässe und Kälte?

- Weil sie sich dann häufiger zusammen mit anderen in geschlossenen Räumen aufhalten. Kein Wunder, dass sie sich bei enger Tuchfühlung eher anstecken.
- Weil sie kalte Füße oder kalte Hände haben. Empfängt der Körper das Signal »Unterkühlung«, verengen sich die Blutgefäße. Das heißt geringere Durchblutung, auch im Nasen-Rachen-Raum, damit schlechter funktionierende Nasenschleimhaut, weniger angewärmte Luft und Feuchtigkeit, verminderte Widerstandskraft.

Behandlung: In der Regel verlaufen Virusinfekte harmlos. Nimmt das Kind aber deutlich weniger Nahrung zu sich als üblich, hat es Fieber und Schwierigkeiten beim Atmen, sollten Sie sicherheitshalber gleich zum Arzt gehen, der das Baby gründlich untersuchen wird. Bei einer »normalen« Virusinfektion heißt die Devise: Abwarten, bis sich die Beschwerden von allein wieder geben. Mit Medikamenten lässt sich da nicht viel machen. Manchmal bleibt es nicht bei einer Atemwegserkrankung; die Infektion dehnt sich auf den Magen-Darm-Trakt aus, und es kommt zu Durchfällen oder anderen Komplikationen. Auch deshalb ist die Überwachung durch den Arzt wichtig.

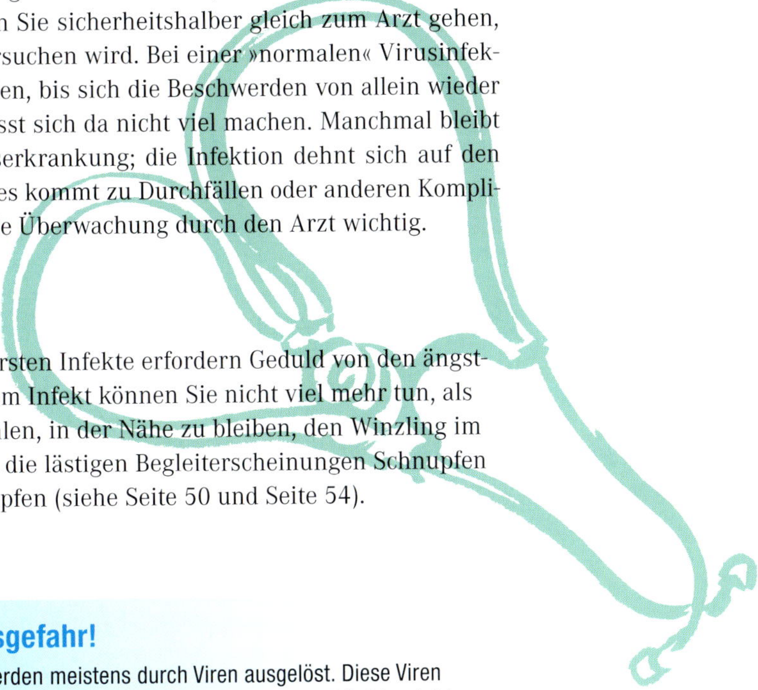

Was tun?

- Ruhe bewahren. Die ersten Infekte erfordern Geduld von den ängstlichen Eltern. Bei einem Infekt können Sie nicht viel mehr tun, als Zuversicht auszustrahlen, in der Nähe zu bleiben, den Winzling im Blick zu behalten und die lästigen Begleiterscheinungen Schnupfen und Husten zu bekämpfen (siehe Seite 50 und Seite 54).

Vorsicht: Ansteckungsgefahr!

Infekte der oberen Luftwege werden meistens durch Viren ausgelöst. Diese Viren werden beim Sprechen, Husten und Niesen durch die so genannte »Tröpfcheninfektion« oder über die Haut von einem auf den anderen übertragen. Auf der Haut überleben Erkältungsviren mehrere Stunden. Die Hundertschaften von Erkältungserregern, die ständig um uns herumschwirren, lassen sich nicht völlig in Schach halten. Schleppt jemand eine Erkältung in die Familie ein, schnappt ein Baby sie unweigerlich auf.

Wie schützt man ein Baby am besten?

- Auf Abstand gehen; das gilt besonders für andere schnupfende und hustende Familienmitglieder.
- Auf die normale Hygiene achten. Häufiger die Hände waschen. Häufiger in der Wohnung Staub saugen und wischen.
- Menschenansammlungen vermeiden. Beim dichten Gedränge in der U-Bahn oder im Supermarkt ist die Wahrscheinlichkeit einer Ansteckung groß: Viren »fliegen« bis zu vier Meter weit, und einer hat hier immer Schnupfen.
- Häufig lüften. Vor allem in kleinen, gut geheizten Wohnungen besteht Ansteckungsgefahr.
- Benutzte Papiertaschentücher gründlich entsorgen (nicht im Papierkorb).
- Mundschutz tragen, um einen Säugling vor »Tröpfcheninfektion« zu schützen, wenn andere Familienmitglieder erkrankt sind. Kurz vor Ausbruch eines Infektes oder in den ersten Tagen der Krankheit besteht die größte Ansteckungsgefahr.

Das kranke Baby liebevoll pflegen

Ein krankes Baby weiß nicht, dass Husten und Schnupfen wieder vergehen. Es empfindet das Kranksein nicht nur als Übel, sondern als Bedrohung und kann nicht verstehen, warum es sich so plagen muss. Wieso zwingt der Vater es, bittere Tropfen zu schlucken? Wieso soll es stillhalten, wenn die Mutter mit dem Fieberthermometer naht? Mitunter fehlt ihm sogar die Kraft, auf sich aufmerksam zu machen. Tief verunsichert nimmt es umso glücklicher wahr, wenn es in dieser Phase besonders liebevoll umsorgt und gepflegt wird.
Haben Eltern und Kind genug Zeit und Ruhe, es sich trotz aller krankheitsbedingter Zusatzbelastungen gemütlich zu machen, hilft das beim Gesundwerden.

Ein krankes Baby zeigt deutlich, wenn es seine Ruhe haben möchte. Manchmal wird ihm das Kümmern und Sorgen der Großen einfach zu viel.

Die wichtigsten Pflegetipps

- In Sichtweite bleiben. In der Nähe von Mama und Papa fühlt sich ein kleines Kind am besten aufgehoben. Umgekehrt sind auch die Eltern erleichtert, wenn sie ihr krankes Baby bei sich haben – zum Beispiel im Bettchen gleich neben dem Sessel im Wohnzimmer. Oder dem Wicht im Elternbett ein Nest bauen – Mama oder Papa gleich daneben.

- Intensivere Reize fern halten, wenn das Baby schwerer krank ist. Wind und Wetter, Sonne und Hitze, auch Lärm so weit wie möglich ausschalten.

- Abwechslung tut gut. Das Menschenkind nicht bei jedem kleinen Schnupfen, jedem harmlosen Hüsteln gleich unter Quarantäne stellen. Auch ein krankes Kind darf wie gewohnt nach draußen, selbst kalte Luft schadet nicht (siehe Seite 88).

- Bei Fieber nicht zu warm anziehen, das könnte sonst zu einem Hitzestau führen, weil ein Baby seine Körpertemperatur noch nicht selbst regeln kann. Es deshalb wie gewohnt anziehen.

- Auf die Bedürfnisse des Babys achten. Wenn sie krank sind, brauchen die meisten Kinder mehr Ruhe als sonst. Keine langen Telefongespräche gleich neben Babys Bettchen. Kein Computer, kein Internet – kein Programm einschalten, das die Aufmerksamkeit von Mutter oder Vater fesselt. Keine Geschwister mit ihren stürmischen Liebesbeweisen (oder Eifersuchtsattacken), die um das kranke Baby herumwirbeln.

- Ein straff gezogenes Bettlaken. Keine Kissen als Bettumrandung. Nur eine Windel als Unterlage fürs Köpfchen. Schlafsack statt Bettdecke, mehr nicht. Bettlaken und Schlafsack häufiger wechseln und bei mindestens 60 °C waschen. Auch ein Baby genießt frische Bettwäsche schon. Optimal ist eine mittelharte Matratze. Sie sollte so weich sein, dass sie unter dem Babygewicht leicht nachgibt, und so hart, dass sich keine Kuhlen bilden.

- Vorheizen. Badehandtuch und Schlafsack über die Heizung legen und anwärmen, das Bettlaken mit Hilfe einer Wärmflasche anwärmen.

- Häufiger kurz durchlüften – etwa fünf bis zehn Minuten lang. Frische Luft ist gesund (siehe Seite 88). Im Sommer das Fenster kippen. Im Winter lüften, wenn das Baby nicht im Zimmer ist. Falls die Luft im Kinderzimmer trocken ist: Feuchte Handtücher mit ein paar Tropfen Zitronenöl über die Heizung hängen. (Vorsicht: Nicht jedes Baby verträgt intensivere Düfte, siehe Seite 60.) Oder eine Hand voll Kamillenblüten in kochendes Wasser geben und den Topf – außer Reichweite des Babys und nur in Anwesenheit eines Erwachsenen – ins Zimmer stellen.

- Für angenehme Raumtemperatur sorgen. Das Zimmer sollte nicht zu warm und nicht zu kalt sein. Die richtige Raumtemperatur liegt um die 19 bis 20 °C, sonst beginnt das Baby zu schwitzen, nachts zwei Grad weniger. Es regt den Kreislauf an, wenn nicht alle Räume der Wohnung gleich warm sind. Auch einem Baby bekommen unterschiedliche Raumtemperaturen gut. Da ein kleines Kind es beim Wickeln und Baden gemütlich warm haben möchte (etwa 25 °C), kann man Kinder- und Badezimmer mit einer Wärmelampe kurz aufheizen. In ihrem Lichtkegel fühlt sich ein Baby besonders wohl.

- Zigarettenverbot erteilen. Zu Hause und im Auto ein Qualmverbot aufstellen, und zwar immer. Die schädlichen Folgen des Passivrauchens sind längst bewiesen. Die Gefahr, an Bronchitis, Pseudokrupp, Mittelohrentzündung, Asthma und Allergien zu erkranken, wird durch Passivrauchen verstärkt. Bei Kindern aus Raucherfamilien ist eine hohe Konzentration von Schadstoffen im Blut festgestellt worden – so hoch wie bei Rauchern.

- Licht brennen lassen, damit sich das Baby weniger einsam fühlt: zum Beispiel ein Nachtlicht.

Lästige Begleiterscheinung: der Schnupfen

Ein Häufchen Elend mit Triefnase – ein verschnupfter Säugling leidet heftig. **Anzeichen einer Erkältung:** Das Baby schläft nicht gut. Die kleine Nase ist mit Sekret verstopft oder total zugeschwollen, weil sie hochempfindsam auf den Schnupfen reagiert. Die Nasengänge sind noch sehr eng. Wenn die Nasenschleimhäute anschwellen, muss das Baby um Luft kämpfen. Alles lästig, alles unangenehm. Dazu kommen Schwierigkeiten beim Trinken: Ist die Nase verstopft, muss das Kind durch den Mund atmen. Gleichzeitig atmen und saugen, das will nicht gelingen. Eine weiteres Problem: Das Schnupfenkind verschluckt sich an Milch und Nasenschleim. Kein Wunder, dass während des Schnupfens nicht viel aus dem Saugen und Trinken wird.
Behandlung: Auch zur eigenen Beruhigung wenden sich viele Eltern frühzeitig an den Arzt. Weil Schnupfen meist durch Viren hervorgerufen wird, kann der nicht viel mehr tun, als das Baby gründlich zu untersuchen, Komplikationen auszuschließen und den besorgten Eltern Tipps zu geben, wie sie ihrem Kind die Situation erleichtern können.

Was tun?

- Die Nase putzen. Mit dem rechten und linken Zeigefinger an der Nase entlangstreichen, von der Wurzel nach unten. Dann die Nase mit einem lauwarm angefeuchteten Watteröllchen reinigen: Nur die Nasenlöcher putzen!

- Muttermilch. Einige Tropfen vorne in die Nase geben. Dies macht die Nasengänge wieder frei, denn die Milch enthält viele Antikörper.

- Majoranbutter: ein traditionelles Schnupfenmittel aus der Apotheke. Den Nacken mit einem Miniklacks Butter drei- bis viermal einreiben. Noch weniger Butter in die Nasenlöcher geben. Erst vorsichtig ausprobieren, wie das Baby darauf reagiert.

- Frische Luft: Ein verschnupftes Baby fühlt sich in feuchter Luft wohler, denn trockene Luft reizt die Schleimhäute. Das Zimmer häufiger durchlüften. Im Winter nicht überheizen. Eine verträgliche Raumtemperatur: 19 bis 20 °C. Das Baby aber vor Zugluft schützen.

- Das Fenster öffnen. Das Babybett selbst im Winter stundenweise ans gekippte Fenster stellen. Nach draußen gehen (nicht bei Fieber). Das Baby warm einpacken.

Schnupfen ist zwar lästig, aber nicht bedrohlich, wenn keine Komplikationen dazukommen. Mit einigen einfachen Mitteln können Sie Ihrem Kind über die unangenehme Zeit hinweghelfen.

- Viel trinken, mehr als normalerweise, damit die Schleimhäute feucht bleiben, sich der Schleim verdünnt und besser durch den Rachen abfließen kann. Häufiger stillen. Dem Kind öfters Tee oder Wasser anbieten (siehe Seite 33).

- Das Baby oft auf den Arm nehmen, wenn es mag, und herumtragen. In der Senkrechten läuft das Schnupfensekret eher ab. Oder ein Kissen unter die Matratze legen, damit das Baby schräg liegt und das Nasensekret in der Schräge auch besser ablaufen kann.

- Nasentropfen: Wirkungsvoll, weil sie die Nasenschleimhäute befeuchten, den Schleim verflüssigen und helfen, die Flimmerhärchen im Naseninneren zu säubern. Empfehlenswert sind Nasentropfen aus Kochsalzlösung: Einen halben Teelöffel Salz in einem Glas mit abgekochtem, lauwarmem Wasser auflösen. Die Tropfen in ein Dosierspray-Fläschchen füllen oder mit einer Pipette vier- bis sechsmal täglich vor den Mahlzeiten in jedes Nasenloch träufeln (nicht bei eitrigem Schnupfen). Nur 24 Stunden benutzen. Mit dem Arzt absprechen.

- Abschwellende Nasentropfen aus der Apotheke. Weil sie fix für eine freie Nase sorgen, sind abschwellende Schnupfensprays für Schniefnasen manchmal ein Segen. Sie drosseln die Durchblutung und mindern so die Schwellung der Nasenschleimhaut. Doch viele Sprays trocknen die Schleimhäute aus. Inzwischen gibt es Präparate, die zusätzlich Feuchtigkeit spendende Substanzen enthalten. Nasensprays nur nach Absprache mit dem Kinderarzt benutzen.
  Und wie gibt man die Nasentropfen am besten? Das Baby in Rückenlage auf den Wickeltisch legen, Kopf nach hinten. Mit der einen Hand seine Arme festhalten, mit der anderen ein bis zwei Tropfen in jedes Nasenloch geben, dem Baby dann kurz den Mund zuhalten, damit es durch die Nase atmet und die Tropfen einzieht.

- Hühnersuppe – ein Hausmittel, das bei Schnupfen Wunder wirken soll. Für Kleinkinder geeignet. Rezept: 1 Suppenhuhn, 2 bis 3 Hühnerflügel, 3 Zwiebeln, 3 Petersilienwurzeln, 2 bis 3 Karotten, 1 Stück Knollensellerie, 1 Bund Petersilie. Das Huhn mit Salzwasser bedecken, kochen lassen. Das in Würfel geschnittene Gemüse und die Hühnerflügel dazugeben, anderthalb Stunden köcheln lassen. Fett abschöpfen, Petersilie zugeben, 45 Minuten kochen.

Schon eine Nasennebenhöhlenentzündung?

Kleinkinder haben noch keine Kieferhöhlen- und Stirnhöhlenentzündung, weil die luftgefüllten Hohlräume des Schädels noch wenig ausgebildet sind. Erst vom Schulalter an können verstopfte Nase und Husten zu den berüchtigten Nebenhöhlenentzündungen führen.

Auf Augenhöhe mit Mama oder Papa – in der Nähe seiner Eltern fühlt sich ein Baby sicher und gut aufgehoben.

Herumtragen, aber richtig

Immer auf Mamas Arm, immer dabei – in anderen Kulturen tragen Mütter ihr Baby den ganzen Tag mit sich herum, egal ob es müde oder munter, gesund oder krank ist. In unseren Breiten halten viele Mütter dagegen Abstand, verfrachten ihr Baby gerne in den Kinderwagen, ins Kinderbett, ins Ställchen. Körperkontakt? Immer noch fürchten skeptische Gemüter, es sei die schiere Verwöhnung, ein Baby häufig im Arm zu halten, und warnen: »Das Spätzchen wird sich daran gewöhnen und will dann nur noch auf den Arm und herumgeschleppt werden!« Das Tragen tut einem Baby immer gut – erst recht, wenn es elend und krank ist. Die Gründe, die dafür sprechen:

Wenn ein Baby verunsichert ist, fühlt es sich im Arm von Mama, ganz nahe und auf Augenhöhe mit ihr, gleich um einiges besser und wieder sicherer. Es genießt die besondere Stimme, das liebevolle Lächeln seiner Mutter, nimmt ihren Geruch wahr, fühlt ihren Herzschlag, lässt sich anstecken von ihrer guten Stimmung – eine Erfahrung, die ihm wieder ein Stück Sicherheit vermittelt. Es fühlt sich gut aufgehoben, dem diffusen Unbehagen, das Husten und Schnupfen, Bauchweh oder Kopfschmerzen verursachen, weniger ausgeliefert. Es kann sich eher entspannen, schreit sicherlich weniger, ist zufriedener. Die Nähe schafft Vertrauen, auf das ein krankes Baby besonders angewiesen ist – alles zusammen Balsam für die durch das Kranksein strapazierte Seele, vor allem dann, wenn mit dem Kind geredet und gescherzt wird. Es tut dem kleinen Menschen gut zu spüren, dass er nicht allein gelassen wird.

Natürlich kann nicht nur die Mutter, sondern auch der Vater dem kleinen Patienten diesen Trost, diese besondere Nähe und Wärme bieten. Im Blut von Babys, die viel Körperkontakt haben, zirkulieren weniger Stresshormone, haben Wissenschaftler herausgefunden.

Neun Monate ein Herz und eine Seele

Während der Schwangerschaft waren Mutter und Kind neun Monate lang immer zusammen; da kann es nur nützen, wenigstens einen Rest dieser engen Verbundenheit, noch ein Stückchen »Schwangerschaft« in das erste Jahr hinüberzuretten und den engen Kontakt erst langsam, Schritt für Schritt zu lockern.

Wie viele Stunden sollte man ein Baby am Tag tragen? Das kommt auf das Kind an. Manches mag sich ewig und immer tragen lassen, ist selig, wenn es mit Mama oder Papa auf Augenhöhe ist. Andere Babys zeigen nach einer Weile recht deutlich, dass sie jetzt ihre Ruhe haben möchten.

Sack, Beutel oder Tuch?

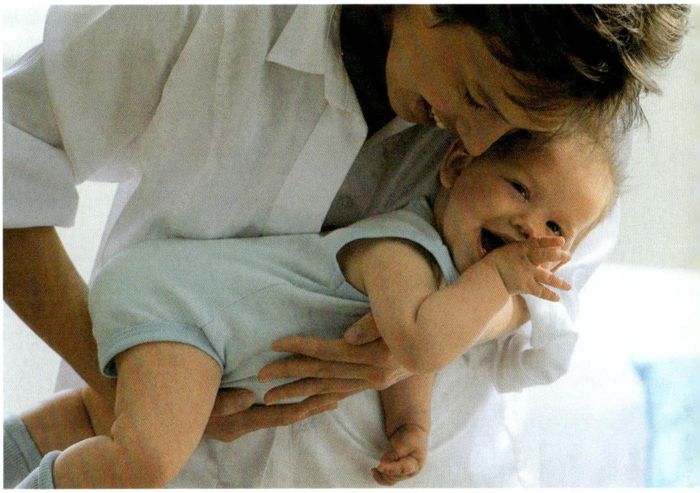

Einfach nur auf dem Arm, der allerdings nach einer Weile lahm wird, im Sack, im Tuch oder im Beutel – das bleibt ganz der Vorliebe der Eltern überlassen. Egal wie sie ihren Sprössling tragen, niemand muss sich Sorgen machen, dass die leicht gekrümmte Haltung dem Babyrücken schadet. Das kleine Köpfchen sollte allerdings gut gestützt sein. Das Baby nicht mit gestreckten Beinen tragen, denn das schadet den Oberschenkel- und Hüftgelenken, sondern mit angezogenen und gespreizten Beinen. Das Kind fühlt sich wohler, vor allem im Säuglingsalter, wenn es beim Tragen in Richtung Mama oder Papa schauen kann. Sobald es sein Köpfchen sicher hält, darf es auch seitlich auf der Hüfte sitzen.

Wie man Babys am besten Halt gibt

Am Anfang sind junge Eltern noch unsicher und wissen nicht, wie sie ihr Baby hochheben und tragen sollen. Die wichtigsten Handgriffe:

- In der Armwiege. Das Baby in die Armbeuge wie in eine Wiege legen. Damit es nicht entgleitet, mit der einen Hand den Po abstützen, mit der anderen Hand die kleinen Oberschenkel oder die Füße umfassen. In die Armbeuge gekuschelt, genießen müde Babys das Herumtragen.
- Die Bäuerchenhaltung. Das Baby lehnt an der Schulter. Mamas oder Papas Arme liegen wie Sicherheitsgurte über seinem Po und Rücken. Bei einem Neugeborenen muss der Kopf noch abgestützt werden.
- Auf Händen tragen. Das Baby bäuchlings auf den Unterarm legen. Mit den Händen und dem zweiten Arm abstützen. Die Beinchen können frei strampeln. Die Bauchlage gefällt den meisten Kindern besonders gut, sie hilft außerdem gegen Bauchweh und Blähungen.
- Im Liegestuhl. Die Arme aufstützen, nebeneinander legen. Eine Schräge aus Armen und ausgestreckten Händen bilden. Das Baby auf diese Schräge legen, dann ein Zwiegespräch mit ihm halten.
- Vor dem Bauch tragen. Das Baby aufrecht so vor den Bauch halten, dass es die gleiche Blickrichtung wie Mutter oder Vater hat. Es auf den linken Unterarm setzen und mit dem rechten Arm festhalten.
- Zur guten Aussicht. Das Baby in Seitenlage, mit dem Rücken gegen Mutters oder Vaters Bauch gelehnt, auf die Arme legen und mit beiden Händen festhalten.

Lästige Begleiterscheinung: der Husten

Ein verschnupftes Baby bekommt in der Regel auch Husten. Husten ist keine Erkrankung, sondern eine lästige Begleiterscheinung von Erkältungskrankheiten. Mit seiner Hilfe wehrt sich der Körper gegen Schleim, gegen entzündliche Reizungen der Atemwege, seltener gegen Fremdkörper.

Anzeichen: Husten ist nicht gleich Husten. Mal klingt er hart und trocken, mal gurgelnd, weil die Atemwege verschleimt sind. Vor allem ein trockener, harter Husten erschöpft ein kleines Kind, kostet Kraft. Es kommt nicht zur Ruhe und wird schließlich, durch die Husterei langsam mürbe geworden, matt oder quengelig.

Behandlung: Ist der Husten locker, können Eltern abwarten, bis er sich von alleine gibt. Hustet das Baby nach einer Woche noch oder hat es über 38,5 °C Fieber, sollten sie unbedingt mit ihm zum Arzt gehen. Das gilt auch, wenn das Baby viel schreit oder sehr unruhig ist. Der Arzt wird das Kind gründlich untersuchen, abhorchen, Komplikationen ausschließen, eventuell Medikamente verschreiben, die den Husten lösen oder den Hustenreiz mildern.

Mit Husten wehrt sich der Körper gegen Fremdkörper, gegen Krankheitserreger – gegen Reizung der empfindlichen Schleimhäute.

Was tun?

- Anistee. ½ Teelöffel Anisfrüchte mit einem Löffel zerdrücken, dann mit kochendem Wasser überbrühen, 10 Minuten ziehen lassen, durch ein Sieb gießen. Säuglingen 3 Esslöffel lauwarmen Tee in die Flaschennahrung geben.

- Für feuchte, frische und kühle Luft sorgen, die beruhigend wirkt.

- Nasse Handtücher aufhängen, eventuell mit Kamille- oder Thymianaufguss getränkt. Oder eine Hand voll Kamillenblüten in kochendes Wasser geben und den Topf in einiger Entfernung vom Babybett aufstellen. Nie unbeaufsichtigt stehen lassen.

- Viel nach draußen gehen, denn in geheizten Räumen trocknen die Schleimhäute aus. Gehen Sie selbst im Winter mit dem Baby, wenn es warm eingemummelt ist, an die frische Luft oder stellen Sie sein Bett häufiger ans offene Fenster (siehe Seite 88).

- Auf Schleim bildende Nahrungsmittel verzichten, bei Kleinkindern zum Beispiel auf Bananen. Die Ernährung mit dem Arzt absprechen.

- Aufs Rauchen verzichten. Zigarettenrauch schadet kleinen und auch großen Kindern, nicht nur bei Husten.

- Hochlagern. Ein Kissen unter die Matratze legen, damit das Kind beim Schlafen schräg liegt und der Schleim eher abfließen kann.

- Reichlich zu trinken anbieten (siehe Seite 33).

- Thymiantee kochen. 1 bis 2 Teelöffel Thymiankraut mit ¼ l kochendem Wasser übergießen. Zugedeckt 10 Minuten ziehen lassen. Abgießen. (Mag nicht jedes Baby.)

- Brustwickel. Nicht für Säuglinge geeignet und nur sinnvoll, wenn sich das Kind nicht dagegen wehrt. Einen Wollschal ausbreiten. Ein Küchenhandtuch zusammenfalten und auf den Schal legen. Ein zweites Küchenhandtuch in lauwarmes Wasser tauchen, leicht auswringen. Das Baby rücklings auf den Wickeltisch legen und ihm das feuchte Tuch auf die Brust legen. Den Wollschal samt Auflage um den feuchten Brustwickel legen. Mit dem Kind spielen, es ablenken. Den Wickel nach etwa 20 Minuten wieder entfernen. Die Prozedur mehrmals täglich wiederholen.

Wann zum Hals-Nasen-Ohren-Arzt?

Mit ihrem erkrankten Baby gehen Eltern normalerweise zum Kinderarzt oder zum Allgemeinmediziner. Wann ist der Hals-Nasen-Ohren-Arzt zuständig?

- Wenn sich die Atemwegserkrankungen häufen: viel Schnupfen, viel Husten, viele Halsentzündungen.
- Wenn die Ohren nicht in Ordnung sind: Das Baby hört schlecht oder leidet häufig unter Mittelohrentzündungen.
- Wenn die Lymphknoten in der Hals- und Nackenregion stets vergrößert sind.

Was bei Älteren hilft, ist für Babys nicht unbedingt das Richtige

- Honig sollten Kinder im ersten Jahr noch nicht bekommen, sagen viele Kinderärzte. Der Grund: Bakterien im Honig, die den Darm eines Säuglings schädigen können.

- Ätherische Öle, bei Husten auf die Brust gerieben, sind für Babys längst nicht immer harmlos, denn ihr Organismus reagiert besonders intensiv darauf. Es hat sich gezeigt, dass sie die Atemwege reizen und anschwellen lassen, den Schleim nicht unbedingt lösen, sondern den Zustand des Babys verschlechtern können, weil sie die Bronchien reizen. Das führt zu vermehrter Schleimbildung und bietet Krankheitserregern ideale Bedingungen zur Vermehrung. Außerdem können die Öle zu allergischen Reaktionen führen.

Ein sinnliches, wohliges Vergnügen für Eltern: den ganz besonderen Duft ihres Babys einatmen und auf sich wirken zu lassen.

Warum Mütter riechen können, ob ihr Baby krank ist

Wenn das Baby krank ist, rührt sich zu Hause nicht viel. Keine Unternehmungen, kein Besuch. Je gleichmäßiger der Tag dahinfließt, desto verträglicher für Körper und Seele. Jetzt ist Zeit für die kleinen Dinge des Lebens, die sich positiv auf das Gesunden auswirken können – zum Beispiel für zärtliche Schnupperspiele.

Warum Düfte heilsam wirken

Ein Lieblingsspiel von Eltern: Babyhaut schnüffeln. Nach Sommer duftet die Haut, nach Wärme – schon kurz nach der Geburt erkennt jede Mutter ihr Baby an seinem Geruch. Dieser zarte Duft ist der Himmel auf Erden, zieht Mütter, auch Väter magisch an. Sie atmen den Duft tief ein: Einfach unbeschreiblich gut riecht dieses kleine Wesen, eigen und unverwechselbar; man möchte den Duft ewig in der Nase behalten. Den Duft der Härchen, den Duft der Hände, den Duft rund um den Bauchnabel.

Dieser ganz spezielle Babyduft ist schwer zu beschreiben, denn Gerüche lassen sich nicht leicht in Worte fassen, vielleicht weil sie mehr mit Gefühlen als mit Gedanken zu tun haben.

Dass sich Gerüche entscheidend auf unser Wohlbefinden auswirken, hat seinen Grund: Wenn wir schnuppern, gelangt der Geruch über die Nase in das limbische System – in den Teil unseres Gehirns, in dem auch unsere Gefühle verankert sind.

Nicht das Sehen, nicht das Hören, sondern das Riechen ist eng mit Gefühlen gekoppelt, mit positiven bei angenehmen, mit negativen bei unangenehmen Gerüchen. Manche Mutter kann sogar per Geruch spüren, ob es ihrem Kind gut geht oder ob es krank wird.

Weil der besondere Duft ihres Babys schöne Gefühle, angenehme Sehnsüchte weckt, lösen die weniger himmlischen Gerüche, etwa die besonderen »Düfte« beim Wickeln, keinen Widerwillen bei den Eltern aus. Sie gelten nicht als besonders unangenehm. Das Kind riechen und dabei Zuneigung empfinden – das bleibt.

Ist das Baby unruhig, quengelt es viel und schreit, wird es meist auf den Arm genommen und herumgetragen. Dabei beruhigt sich der aufgeregte Schreihals nicht nur, sondern auch Mutter oder Vater entspannen sich, holen tief Luft: Atmen den Duft ihres Babys ein und genießen dieses angenehme Antistressmittel. Noch ein-, zweimal tief durch die Nase und bewusst einatmen, und der Frust ist passé.

An Mamis Haut schnuffeln: ein reines Heilmittel

Einerseits weckt der Babyduft bei seinen Eltern zärtliche Gefühle, andererseits ist ein Baby auch vom Duft seiner Mutter fasziniert. Sie riecht einfach wunderbar. Diese Dufterfahrung wirkt sich positiv auf sein Wohlbefinden aus. Gerade erst auf der Welt, kann es diesen Geruch bereits von anderen Gerüchen unterscheiden. Legt seine Mutter zum Beispiel eine gerade von ihr getragene Bluse oder ein T-Shirt in sein Bettchen, weiß sie, warum sie das tut: Ihr Baby reagiert darauf, zeigt, dass es einen untrüglichen Geruchssinn hat, eine feine Nase für Mamis Düfte. Nimmt das Baby sie wahr, ist das Labsal für die Seele. Es entspannt sich, fühlt sich »zu Hause«. Fremde Gerüche lassen es dagegen ziemlich kalt. Wie können Mütter ihrem Baby dieses natürliche »Beruhigungsmittel« häufiger bieten?

Ein Tipp: Wechseln Sie in der Babyzeit möglichst nicht das Parfum, führen Sie kein neues Haarshampoo ein und ersetzen Sie das Duschöl nicht, denn damit verschwindet die »Duftmarke«, an die Ihr Baby gewöhnt ist – und der »Riechtest« klappt nicht mehr.

- Eine Bluse tragen. Ein paar Knöpfe der Bluse öffnen – so weit, dass das Baby sein Köpfchen in den Ausschnitt legen und an Mamas Haut schnuffeln kann. (Mamas Bluse kann auch durch Papas Hemd ersetzt werden.)
- Im Elternbett schlafen. Ein Baby fühlt sich mit oder ohne Mama und Papa in dem großen Bett wohl – sicher wie in Abrahams Schoß, weil Kissen, Decken, weil alles vertraut riecht.
- An der Hand schnuppern. Dem kranken Baby Mamas oder Papas Hand wie ein leichte, warme Decke über die Stupsnase legen, damit es den Geruch der Hand inhalieren und dann beruhigt spüren kann: »Alles in Ordnung! Ich bin geborgen!«

Manche Mutter, mancher Vater verzichtet in dieser sensiblen Babyphase ganz auf Duftwässerchen und -salben und gönnt dem Baby den natürlichen Mama- und Papaduft. Leider wird dieses zarte »Schnüffelspiel«, das aneinander bindet und auf beiden Seiten positive, beglückende Gefühle erzeugt, häufig durch störende fremde Düfte übertüncht und damit beendet. Benutzen Mütter bei der Babypflege duftende Öle, Cremes, vielleicht sogar Babyparfums, ist der zarte, natürliche Babyduft und damit auch seine Anziehungskraft, seine Wirkung dahin.
Übrigens verfügen nicht nur Mütter über feine Nasen, Väter sind ebenfalls gut im Schnuppern, wenn es um ihren Nachwuchs geht. Mit der Zeit verschwindet diese spezielle Duftnote der Babys so wie alles, was die besondere Fürsorge der Erwachsenen hervorruft – wie das gesamte Kindchenschema, das die Großen so rührt. Mehr über wohltuende Düfte auf Seite 60.

Halsentzündungen können sehr schmerzhaft sein. Ob es sich um eine durch Viren oder durch Bakterien verursachte Infektion handelt, muss der Arzt abklären.

Hals- und Mandelentzündung

Im Hals kratzt es. Das Schlucken tut plötzlich weh. Manchmal strahlen die Schmerzen bis in die Ohren aus, auch die Stimmbänder entzünden sich.

Wenn der Hals gerötet ist

Da kleine Kinder ihre Beschwerden noch nicht deutlich machen können, werden bei ihnen Halsentzündungen manchmal gar nicht erkannt, wenn nicht ausdrücklich danach gesucht wird. Eltern gelingt es in der Regel nicht, in den Hals zu schauen, weil ihr Kind gar nicht daran denkt, sein Mündchen weit zu öffnen. Bei Verdacht auf Halsentzündung sollten sie sich an den Kinderarzt wenden; dank seiner Erfahrung kennt er die Tricks, die ein Baby vielleicht dazu bringen, sich in den Hals gucken zu lassen.

Anzeichen: Bei Halsentzündung sieht er einen roten Rachenring. Gaumenmandel, Gaumen und Zäpfchen sind gerötet, geschwollen, manchmal schleimig belegt. Die Zunge hat einen weißen Belag. Oft kommen zu den Halsschmerzen Fieber und auch geschwollene Lymphknoten hinzu.

Ursache: An der Art des Belages kann der Arzt erkennen, ob Viren oder Bakterien die Entzündung ausgelöst haben. In der Regel sind bei einem Baby Viren die Verursacher eines Nasen- und Racheninfekts.

Behandlung: Wie bei allen Virusinfekten rät der Arzt, sich in Geduld zu fassen und auf bewährte Hausmittel zurückzugreifen. Mit Medikamenten kann er wenig ausrichten. Wichtig ist, dass er Komplikationen ausschließt.

Was tun?

Mit virusbedingten Halsschmerzen muss der Organismus also weitgehend aus eigener Kraft fertig werden. Ein paar Möglichkeiten, ihn zu unterstützen:

- Die Schleimhäute feucht halten: Viel zu trinken anbieten (siehe Seite 33).
- Viel an die frische Luft gehen, auch wenn es draußen kalt ist (siehe Seite 88).
- Für eine hohe Raumfeuchtigkeit sorgen.
- Halswickel sind ein bewährtes, schmerzlinderndes Hausmittel. Sie sollen aber nur angelegt werden, wenn sich das Baby nicht dagegen wehrt. Und so wird's gemacht: Ein großes Herrentaschentuch oder

eine Windel der Länge nach falten, in handwarmes Wasser tauchen, auswringen, um den Hals legen. Darüber einen Schal wickeln. Den Wickel nach etwa 45 Minuten abnehmen. Die Prozedur mehrmals täglich wiederholen.

- Quarkwickel helfen ebenfalls, lindern das Brennen im Hals: Auf ein längs gefaltetes Tuch messerdick kühlen Quark streichen. Das Tuch dann um den Hals des Kindes legen. Darüber einen Schal wickeln.

Wenn die Mandeln entzündet sind

Bei einer Mandelentzündung infizieren sich die Gaumenmandeln.
Anzeichen: Wenn Bakterien die Mandelentzündung verursacht haben: Das Kind bekommt plötzlich hohes Fieber. Der Rachenring und die Mandeln sind hochrot mit gelbweißen Stippchen, die Lymphknoten an Hals und Ohren sind geschwollen. Das Baby ist unruhig, leidet unter Schmerzen. Weil ihm vor allem die starken Schluckbeschwerden zu schaffen machen und es sich ziemlich krank fühlt, trinkt das Baby häufig nicht mehr richtig. Wenn Viren die Entzündung verursacht haben: Belag auf Mandeln und Zunge. Der Rachenraum ist rot. Das Kind fühlt sich weniger krank.
Ursache: Meist verursachen Viren die Entzündung. Seltener liegt einer Mandelentzündung bei Babys eine bakterielle Entzündung zugrunde.
Behandlung: Es ist in jedem Fall ratsam, bald zum Kinderarzt zu gehen. Bei einer durch Bakterien verursachten Mandelentzündung wird der Arzt ein Antibiotikum verschreiben (siehe Seite 125), um weitere Komplikationen zu verhindern. Bei einer durch Viren hervorgerufenen Entzündung kann er nicht viel mehr tun als Komplikationen auszuschließen.

Was tun?

- Zäpfchen geben, um die Beschwerden zu erleichtern.
- Halswickel oder Quarkwickel machen (siehe oben).
- Viel zu trinken anbieten (siehe Seite 33).
- Viel an die frische Luft gehen (siehe Seite 88).

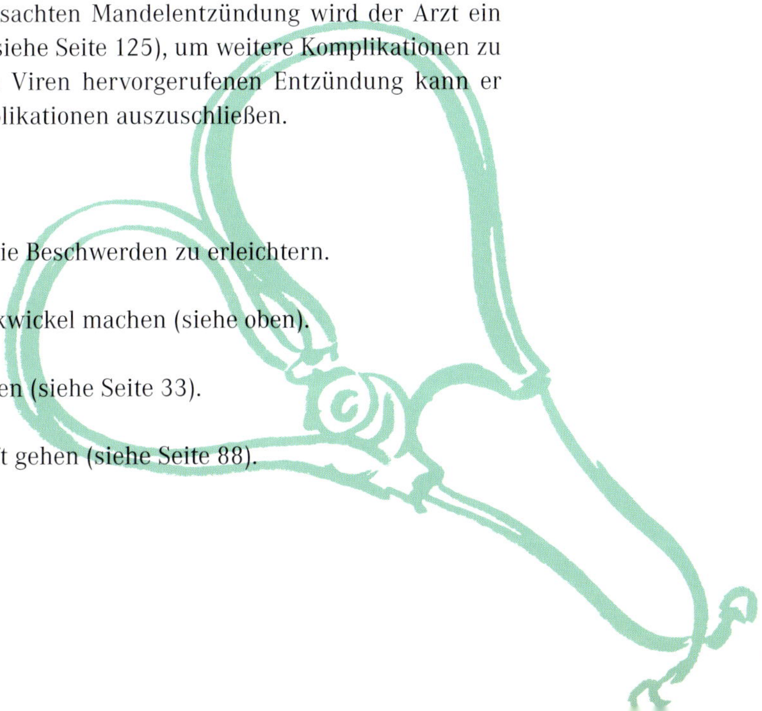

Mit Düften die Sinne betören

Meistens geschieht es ganz unverhofft: Plötzlich hängt der Duft von frisch gebackenem, warmem Brot in der Luft, unübertroffen gut. Oder von Zimt. Oder von frisch aufgebrühtem Kaffee. Gerüche beeinflussen unsere Stimmungen (siehe Seite 56). Angenehme Düfte möbeln uns auf, bringen unsere Gefühle in Schwung, können auch ein Baby aufmuntern, wenn es müde und matt in den Seilen hängt, schnieft und hustet. Sie beleben nicht nur, sondern lösen Verkrampfungen, stärken, können sogar entzündungshemmend wirken.

Anhänger der Aroma-Therapie sind davon überzeugt, dass ätherische Öle, sparsam dosiert, Erkältungen, Wund- und Muskelschmerzen lindern können. Ätherische Öle mögen wirkungsvoll sein, sind aber nicht unbedingt harmlos und sanft. So kann zum Beispiel ein kleiner Schuss Eukalyptus einem kleinen Kind gefährlich werden, wie auch Kampfer oder Menthol. Der Reiz dieser Öle ist oft zu intensiv für ein zartes Baby. Schon ein paar Tropfen können Atemnot auslösen. Deshalb bitte keine Duftöle auf Bettzeug oder Schlafanzug eines Kleinkindes träufeln. Außerdem besteht die Gefahr, dass es allergisch darauf reagiert – zum Beispiel beim Inhalieren, denn da wirken ätherische Öle besonders intensiv.

Vorsicht bei besonders intensiven Düften: Ein Baby, noch sehr empfindlich und zart, kann allergisch darauf reagieren.

Das Baby mit Düften verwöhnen

Auch wenn sie auf diese Öle verzichten, können Eltern die positive Wirkung, die von guten Gerüchen ausgeht, fürs Wohlfühlen und für mehr Sinnlichkeit nutzen. Der Seele des Babys tun angenehme Düfte gut – feine Gerüche, die ihm das Gefühl vermitteln, so richtig verwöhnt zu werden. Düfte wirken wie ein Signal: Nach einer Weile und viel Gewöhnung verknüpft das Gehirn nämlich einen bestimmten angenehmen Duft mit einer angenehmen Situation, die durch diesen Duft geprägt ist. Frische Kuchendüfte beispielsweise wecken Erinnerungen an angenehme Familientreffen, und Wiesendüfte sind erste Frühlingsfreuden.

Steigt einem Kind ein bestimmter Duft in die Nase, dann entspannt es sich automatisch. Diese besondere Wirkung können Eltern zum Wohle ihres Kindes nutzen.

Düfte, die angenehme Gefühle auslösen

- Küchengerüche als »Dufttherapie«. Das Baby im Hochstuhl dazusetzen, wenn in der Küche Kuchen gebacken wird. Nicht nur das Zugucken beim Teigrühren macht ihm Spaß und lenkt vom Kranksein ab, noch mehr sinnliche Freuden werden geweckt, wenn später aus dem

Ofen frische Kuchendüfte steigen. Oder wenn Marmelade gekocht wird und die Küche nach Früchten duftet. Oder wenn Apfelkompott gekocht wird und Apfel-Zimt-Düfte den Raum erfüllen.

- An Früchten schnuppern. Schneiden Sie einen Apfel durch und zeigen Sie dem Baby, wie man daran schnuppert. Oder geben Sie ihm ein paar Spritzer Apfelsinen-, Mandarinen- oder Zitronensaft auf die Hand und verreiben Sie den Saft.

- Duftende Blumen genießen. Geben Sie dem Baby einen Strauß duftender Blumen in die Hand und zeigen Sie ihm, dass es daran schnuppern kann. Treten Sie mit dem Baby auf dem Arm an ein Rosenbeet und lassen Sie den Rosenduft wirken.

- Im Wald nach Düften suchen. Nehmen Sie bei warmem, sonnigem Wetter das Baby auf den Arm und gehen Sie im Wald von einem Baum zum anderen. Schnuppern Sie gemeinsam an der Baumrinde und am würzigen Harz. Riechen Sie das warme Holz gefällter Baumstämme oder sammeln Sie Fichtennadeln.

Wenn die Nerven blank liegen

Eine Situation, die alle Eltern kennen: Das Baby hat Fieber, trinkt nicht richtig und wacht, kaum eingeschlafen, gleich wieder auf. Ängstlich beobachten Mutter und Vater ihren Sprössling: »Was tun – abwarten oder gleich zum Kinderarzt gehen oder den Arzt erst einmal anrufen?«

Die besorgte Mutter spricht mit zärtlicher Stimme auf ihr krankes Kind ein: »Sei ganz ruhig, Mama und Papa sind ja bei dir!« Gleichzeitig streichelt sie es hektisch. Das Einjährige will sich einfach nicht beruhigen lassen. Die Situation spitzt sich zu: Die Mutter spricht betont freundlich mit ihrem Kind, wird aber immer ungeduldiger.

Wenn Mütter oder Väter beruhigend auf ihr Baby einreden, kommt es weniger darauf an, was sie ihm sagen, sondern viel mehr, wie sie sich verhalten. Das Wie ist die wichtigere Botschaft, weil ein kleines Kind vor allem Gestik, Mimik und Tonfall der Großen wahrnimmt. Stimmen die Ebenen nicht überein, zwingt sich eine Mutter zum Beispiel, langsam und beruhigend auf ihr Kind einzusprechen, obwohl sie angespannt und aufgeregt ist, dann nimmt ihr Kind diesen Widerspruch seismographisch wahr und reagiert verwirrt darauf: Was gilt?

Weil meistens verschiedene Dialoge gleichzeitig und auf verschiedenen Ebenen stattfinden – auf der wörtlichen, der stimmlichen und der körpersprachlichen –, kommt es häufiger zu solchen Widersprüchen. Wer sein Baby beruhigen will, sollte deshalb darum bemüht sein, eine möglichst eindeutige Botschaft zu vermitteln. Die wahren Gefühle zu verstecken und einem Kind Theater vorzuspielen schadet mehr, als es nützt.

Schwerer Husten: Pseudokrupp oder Bronchitis

Meistens ist Husten ein Hinweis auf eine Erkältung, aber nicht immer. Manchmal ist er auch ein Hinweis auf eine ernsthaftere Erkrankung.

Pseudokrupp: ein bellender Husten mit Atemnot

Ein Anfall von Pseudokrupp jagt Eltern einen Riesenschrecken ein. Es fällt schwer, besonnen zu handeln, die eigene Verzweiflung unter Kontrolle zu bekommen. Versuchen Sie, dem Kind die Angst zu nehmen und es nicht noch mit der eigenen Sorge anzustecken. Streicheln und beruhigen Sie es.

Da war vorher nicht viel – vielleicht eine kleine Erkältung. Dann plötzlich aus heiterem Himmel ist das Baby richtig krank.

Anzeichen: Bellender Husten, ein pfeifendes Geräusch beim Atmen mitten in der Nacht. Das Baby keucht, ringt nach Luft. Bei einem Kruppanfall schwellen die Schleimhäute unterhalb der Stimmbänder an. Das Kind atmet schneller, weil ihm der Kruppanfall Angst macht. Dadurch verkrampft sich die Atemmuskulatur stärker, und das Atmen wird noch schwerer.

Ursache: Bei Babys und Kleinkindern ist der Spalt im Kehlkopf noch eng. Schwellen die Schleimhäute an, droht der Spalt sich zu verschließen. Auslöser des Anfalls sind meist ganz normale Erkältungsviren. Bei nasskaltem Nebelwetter, bei starker Luftverschmutzung (auch durch Zigarettenrauch) erhöht sich das Risiko für ein Kind, an Pseudokrupp zu erkranken. Zwischen dem neunten Lebensmonat und dem fünften Lebensjahr ist ein Kind besonders anfällig für Krupphusten.

Behandlung: Der Arzt wird eine genaue Diagnose stellen, das Baby mit Medikamenten versorgen, außerdem vorsorglich Zäpfchen und Spray verschreiben für den Fall, dass sich der Kruppanfall wiederholt.

Was tun?

- Ans offene Fenster treten mit dem Baby auf dem Arm (Vorsicht: nicht bei Nebel oder Smog!). Hängen Sie ihm vorher eine Decke um. Die Decke auch über den Kopf ziehen.

- Den Kühlschrank öffnen, damit kühle Luft in den Raum strömt. Oder einen Topf mit Wasser auf dem Herd zum Kochen bringen, damit das Kind später, nach dem Frischlufttanken, den Dampf einatmen kann. Dampf lässt die Schleimhäute abschwellen. Eventuell zwei Kamillenteebeutel ins Wasser geben. Oder lassen Sie heißes Wasser in die Badewanne laufen und das Kind bei geschlossenem Fenster die feuchte Luft einatmen.

- Kühles Wasser zu trinken anbieten.

- Den Arzt benachrichtigen, wenn sich das Baby nicht beruhigt. Wird das Kind grau, werden die Hände, die Lippen blau, fällt das Atmen immer schwerer, kann es nicht schlucken, sofort in die nächste Klinik fahren.

Bronchitis: Wenn der Husten tief sitzt

Das Baby erkrankt fünf, sechs Tage nach Ansteckung. Eine Bronchitis ist eine entzündliche Anschwellung der Schleimhäute der unteren Atemwege.
Anzeichen: Die Krankheit äußert sich zuerst meist in einem trockenen Reizhusten, der oft beängstigend klingt. Nach einigen Tagen verwandelt sich der harte Husten in einen weicheren mit zähem Schleim. Auch das Atmen kann Schwierigkeiten machen, tut einfach weh. Eine Nebenwirkung: Weil ein kleines Kind den Schleim noch nicht richtig abhusten kann, verschluckt es ihn und muss deshalb oft erbrechen. Gelegentlich kommt Fieber dazu.
Ursache: Eine Bronchitis entwickelt sich meist aus einer Virusinfektion. Bei Babys kann aus der Bronchitis eine spastische Bronchitis mit Atemschwierigkeiten oder eine Lungenentzündung werden.
Behandlung: Mit dem hustenden, meist fiebrigen Baby unbedingt zum Kinderarzt gehen, der entscheiden muss, welche Medikamente es bekommen sollte, um den Husten zu lösen, zu lindern und/oder die Bronchien zu erweitern. Dafür muss er eine genaue Diagnose stellen und herausfinden, ob zu der Viruserkrankung noch eine bakterielle Infektion gekommen ist.

Was tun?

- Für kühle, angefeuchtete Zimmerluft sorgen. Häufig lüften. Feuchte Handtücher im Zimmer verteilen oder einen Topf mit kochendem Wasser und Kamillenblüten außer Reichweite des Babys aufstellen.

- Das Fieber senken. Wadenwickel machen (siehe Seite 21) oder dem Baby, nach Absprache mit dem Arzt, fiebersenkende Zäpfchen geben.

- Über die Knie legen. Klopfen Sie dem Baby, wenn es schon größer ist, auf den Rücken, damit das Abhusten leichter fällt.

- Rotlichtbestrahlung, um den Schleim zu lösen. Setzen Sie sich mit dem Baby auf dem Schoß in etwa 50 cm Abstand vor die Lampe. Wenn das Kind mitspielt, können Sie das dreimal täglich etwa 10 Minuten wiederholen. (Vorsicht: Das Baby keinesfalls allein vor die Lampe setzen!)

Lungenentzündung

Bei einer Lungenentzündung ist das Lungengewebe betroffen, besonders die feinsten Bronchialverzweigungen und die Lungenbläschen.

Wie erkennen Eltern eine Lungenentzündung?

Eine Lungenentzündung kann ganz unterschiedliche Ursachen haben. Die Krankheit ist aber immer ernst zu nehmen.

Anzeichen: Das Baby ist unruhig, hat leichtes bis hohes Fieber, wirkt krank, ist appetitlos, atmet schneller, stöhnt beim Atmen, kann nicht richtig durchatmen, ist kurzatmig. Beim Atmen bewegen sich die Nasenflügel. Manchmal sind die Lippen bläulich gefärbt. Es hustet. Der Husten kann sehr unterschiedlich klingen.
Ursache: Die Krankheit entwickelt sich meistens aus einer Erkältung, aus einer vorangegangenen Entzündung der Luftröhre, aus einer Kinderkrankheit wie Keuchhusten oder aus einer Bronchitis. Bei Säuglingen kann sogar ein Schnupfen zu einer Lungenentzündung führen. In der Regel sind Viren oder Bakterien die Krankheitserreger.
Behandlung: Eine Lungenentzündung ist im Baby- und Kleinkindalter gar nicht so selten und immer ernst zu nehmen; deshalb sollte das Baby möglichst schnell einem Arzt vorgestellt werden, der entsprechende Medikamente beschreibt.

- Bei einer durch Viren verursachten Lungenentzündung verschreibt der Arzt Medikamente, die die Situation des Babys erleichtern.
- Bei einer durch Bakterien verursachten Entzündung kommen Antibiotika dazu. Säuglinge müssen im Krankenhaus behandelt werden.

Was tun?

- Schräg lagern. Das Kopfteil des Bettes erhöhen – zum Beispiel Bücher unter die Bettpfosten schieben. Ein Baby, das unter Lungenentzündung leidet, muss frei atmen können. Deshalb am besten auf den Rücken legen.
- Für frische Luft sorgen. Frische kühle Luft wirkt sich positiv auf das Atmen aus, verringert Atemnot. Stellen Sie das Baby möglichst viele Stunden ans offene Fenster (aber Zugluft vermeiden) oder – warm genug, aber nicht zu warm angezogen und bequem im Schlafsack untergebracht – im Bett oder Kinderwagen nach draußen, zum Beispiel auf einen windgeschützten Balkon, allerdings nicht in die Sonne. (Mit dem Arzt absprechen!)
- Viel zu trinken anbieten (siehe Seite 33).
- Das Fieber senken. Eventuell Wadenwickel machen (siehe Seite 21).

Schwierigkeiten mit Ohren, Augen und Zähnen

und was Eltern tun können

Egal ob Ohren, Augen oder Zähne Probleme machen – alle Beschwerden, die mit dem Kopf zu tun haben, ärgern ein Baby besonders und ängstigen seine Eltern, weil sie wissen, dass die damit verbundenen Schmerzen heftig sein können. Sie leiden unter ihrer Rat- und Hilflosigkeit: Mit Ohrenproblemen zum Kinderarzt oder lieber zum Hals-Nasen-Ohren-Arzt gehen? Sollen sie sich mit dem Baby schon beim Augenarzt anmelden? Viele neue Fragen, die sich im Alltag ergeben.

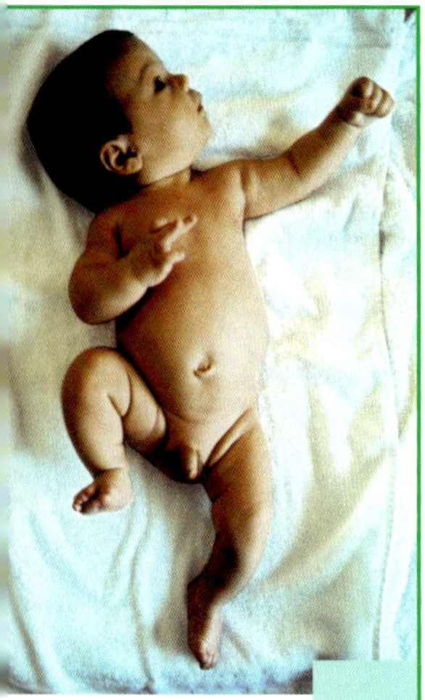

Weil ein Baby bei einer Mittelohrentzündung unter heftigen Schmerzen leidet, ist diese Krankheit besonders gefürchtet.

Mittelohrentzündung: eine gefürchtete Krankheit

Trotz des natürliche Nestschutzes macht jedes vierte Kind bis zu seinem sechsten Lebensmonat eine Mittelohrentzündung durch. Gegen Ende des ersten Lebensjahres haben 60 bis 70 Prozent aller Babys eine Mittelohrentzündung hinter sich gebracht: Ein-, zwei- oder mehrmals sind sie schon daran erkrankt. Nur mit Erkältungen kämpfen sie noch häufiger.

Warum erkranken Babys so oft an Mittelohrentzündung?

Anzeichen: Zwei Drittel aller Mittelohrentzündungen kündigen sich in der Regel durch einen Virusinfekt an – zum Beispiel einen Schnupfen oder eine Halsentzündung. Der durch die Erreger hervorgerufene Schleim verstopft den kurzen Verbindungsweg (Eustachische Röhre) zwischen Nasen- und Rachenraum. Weil diese Röhre bei Kindern weiter und kürzer als bei Erwachsenen ist, können die Erreger leicht ins Mittelohr gelangen: in eine kleine gut belüftete Höhle, die durch das Trommelfell zum Gehörgang abgeschlossen ist. Der von den Keimen verursachte Schleim entzündet sich, wird eitrig: Die Mittelohrhöhle schwillt an, was heftige Schmerzen verursacht. Meistens ist nur ein Ohr entzündet, manchmal sind aber auch beide Ohren betroffen. Sammeln sich viel Flüssigkeit und Eiter im Mittelohr, kann das Trommelfell durchbrechen und der Schleim über den äußeren Gehörgang abfließen. Damit sind die schlimmsten Schmerzen vorbei. (Das kleine Loch im Trommelfell verheilt bald.)

Wie erkennen Eltern eine Mittelohrentzündung?

- Unruhe. Das Baby kränkelt, ist schlapp, schreit viel, schläft schlecht, hat vielleicht Fieber. Druck aufs Ohr löst große Schmerzen aus.
- Appetitlosigkeit. Das Baby mag nicht aus der Flasche oder der Brust trinken, weil das Saugen und das Schlucken den Druck aufs Ohr und damit die Schmerzen erhöhen.
- Das Baby drückt sein Ohr und/oder schüttelt seinen Kopf. Wird das kranke Ohr berührt, zieht das Kind seinen Kopf weg und schreit.
- Manches Kind hört während einer Mittelohrentzündung schlechter.

Ursachen: Meistens sind Viren die Auslöser der Krankheit. Weil es einem Baby noch an ausreichender Widerstandskraft gegen Krankheitserreger

mangelt, ist das noch nicht perfekt funktionierende Immunsystem für die Mittelohrentzündung mitverantwortlich.
Der Grund: Den noch schwachen Abwehrkräften gelingt es nicht, eingedrungene Krankheitskeime in ausreichendem Maße zu dezimieren. Deshalb können sich die Viren auf den Schleimhäuten im Nasen- und Rachenraum ansiedeln und sie schädigen; damit machen sie auch den Weg für Bakterien frei.
Behandlung: Fast allen kleinen Patienten wird bei einer Mittelohrentzündung ein Antibiotikum vom Arzt verschrieben, das zwar nicht gegen die Viren wirkt, aber dennoch oft nötig ist, weil an der Infektion auch Bakterien beteiligt sind. Übrigens sind die Symptome, die auf eine bakterielle Entzündung hinweisen, längst nicht immer eindeutig: So muss sie nicht in jedem Fall mit starken Schmerzen und hohem Fieber verbunden sein. Außerdem fürchten viele Ärzte, die Infektion könne eine Gehirnhautentzündung nach sich ziehen. Das verordnete Antibiotikum muss unbedingt genau nach Vorschrift eingenommen werden (siehe Seite 125). Manche Ärzte halten den Einsatz von Antibiotika nur in schweren Fällen für gerechtfertigt und versorgen das kranke Kind mit homöopathischen Mitteln, die auch gut wirken können. Da die Krankheit das Hörvermögen vorübergehend oder dauerhaft schädigen kann, ist es wichtig, gleich danach einen Hörtest zu machen.

Was tun?

- Nasentropfen geben, die dafür sorgen, dass die Schleimhäute abschwellen (siehe Seite 51). Damit ist die Belüftung des Mittelohrs wieder gegeben. Mit dem Arzt absprechen.

- Wärme. Eine Wärmflasche oder Watte auf das Ohr legen. Oder setzen Sie sich mit dem Baby auf dem Schoß im Abstand von 50 Zentimetern vor eine Infrarotlampe. Das kranke Ohr dreimal täglich fünf Minuten lang bestrahlen (mit dem Arzt absprechen). Oder Zwiebelsäckchen: Eine dicke Zwiebel fein hacken, in einen Babysocken füllen, das Säckchen zubinden. Die Zwiebel im Säckchen quetschen und auf das kranke Ohr legen. Wenn es das Baby zulässt, das Säckchen mit einem Schal befestigen. Die schwefelhaltigen Stoffe in der Zwiebel hemmen die Entzündung. Oder Kamillesäckchen: Kamilleblüten in Verbandmull einschlagen. Auf einem umgedrehten Topfdeckel mit Wasserdampf erwärmen. Das warme Säckchen (Temperatur überprüfen!) auf das schmerzende Ohr legen. Mit einer Mütze fixieren. Etwa eine halbe Stunde wirken lassen (für Kleinkinder geeignet, nicht für kleine Babys). Oder Zäpfchen gegen die Schmerzen, wenn's sein muss.

Eine alte Volksweisheit, bekannt in der ganzen Welt: Unruhige Babys entspannen sich, wenn ihnen Wiegenlieder vorgesungen werden.

Mit Wiegenliedern beruhigen und einschläfern

Das Baby fühlt sich krank und ist entsprechend unleidlich. Alles geht ihm heute gegen den Strich. Richtig fertig mit sich und der Welt ist es nur noch hundemüde und genervt. Viele Eltern meinen, eine Mütze voll Schlaf sei die beste Therapie gegen eine Erkältung mit Ohren- und Halsweh und bringen den kleinen Quengler zu Bett. Nach dem Gute-Nacht-Sagen ziehen sie die Vorhänge vors Fenster und schließen die Tür. Im Zimmer ist es dunkel.
Wer sich in die Situation des Kindes versetzt, kann nachempfinden, warum ihm das Einschlafen schwer fällt: Es fühlt sich allein gelassen. Keine Eltern mehr in Sicht, keine Geschwister mehr zum Trösten greifbar. Nur der Stoffteddy, der neben ihm im Bett sitzt, kann die Sorge, ganz allein zu sein, ein wenig mindern und dieses bedrückende Gefühl dämpfen, von allen anderen hilflos zurückgelassen zu werden. Für das Baby ist diese Angst bestimmend, für Erwachsene wird sie oft als Hirngespinst abgetan, das man nicht so wichtig nehmen muss: »Wir sind doch da! Das weißt du doch!« Gerne kommen sie ihrem Kind mit Vernunft: »Kann doch nichts passieren. Wir sind in Rufweite!« Dem Baby nützt das wenig. Wie können ihm Eltern besser helfen, zur Ruhe zu kommen?
Die Spannungen des Tages lassen sich in der Regel mit einem altbewährten Mittel mindern, das seit ewigen Zeiten erprobt ist: mit Wiegenliedern, die vor dem Gute-Nacht-Sagen gesungen werden. Wiegenlieder sind ein brauchbares Heilmittel, das einem Baby Geborgenheit, Sicherheit und dazu Verlässlichkeit suggeriert. Und woher kommt die wohltuende Wirkung? Die Lieder wirken sich positiv aus

- auf die Atmung: Das Baby atmet bald im Takt des Liedes.
- auf den Pulsschlag: Er passt sich dem Takt des Liedes an.
- auf die Muskelspannung: Der Körper entspannt sich.

Die Folge: Das Baby lässt sich einlullen von der Melodie, von der vertrauten Stimme. Es fällt ihm leichter, sich zu beruhigen – nicht immer, aber häufig.

Ein paar Voraussetzungen sollten erfüllt sein, damit ein Lied diese beruhigende Wirkung entfalten kann. Auf der ganzen Welt ist ein typisches Wiegenlied ...

- ... langsam: Sein Takt entspricht einem ruhigen Herzschlag.
- ... regelmäßig: kein aufregender, unruhiger Rhythmus, sondern ein Gleichmaß.
- ... leise: Für Mütter und Väter besteht das Kunststück darin, sanft und leise, kaum hörbar zu singen. Gerade eben noch sollte das Lied zu hören sein.

Der Text eines Wiegenliedes ist weniger wichtig. In Mitteleuropa werden dunkle Klänge bevorzugt.
Wenn Eltern auf die Wirkung von Wiegenliedern setzen, sollten sie Folgendes bedenken:

1. Auch ein Baby muss sich erst einmal an den Gesang gewöhnen. Bei den ersten Singversuchen von Mama oder Papa wacht es wahrscheinlich eher auf, als dass es einschläft, denn natürlich ist es zuerst hochinteressant, die vertraute Stimme auf einmal singend zu erleben. Gibt sich dann der Reiz des Neuen, weil es sich eingehört hat, wirkt der Singsang schließlich einschläfernd.

2. Bitte selber singen und keine Kassette mit Gute-Nacht-Liedern ertönen lassen, denn gegen Mamas oder Papas Stimme kommt keine andere an. Der kleine Sohn, die kleine Tochter will keinen perfekten Gesang hören, sondern eine lieb gewonnene, vertraute Stimme. Ein bisschen schief und krumm darf der Gesang ruhig klingen.

3. Immer wieder singen. Babys lieben Wiederholungen. Je eingefahrener das Ritual, desto intensiver seine Wirkung (siehe Seite 104).

Schlaf, Kindchen, schlaf!

Schlaf, Kindchen, schlaf!
Der Vater hüt't die Schaf',
die Mutter schüttelt 's Bäumelein,
da fällt herab ein Träumelein.
Schlaf, Kindchen, schlaf!

Schlaf, Kindchen, schlaf!
Am Himmel zieh'n die Schaf',
die Sternlein sind die Lämmelein,
der Mond, der ist das Schäferlein.
Schlaf, Kindchen, schlaf!

Wer hat die schönsten Schäfchen?

Wer hat die schönsten Schäfchen?
Die hat der goldne Mond,
der hinter unsern Bäumen
am Himmel droben wohnt.

Ein Baby, das gut hört, benutzt bei seinen Tonübungen hohe und tiefe Töne. Hört es schlechter, klingt sein Singsang monotoner.

Schwerhörigkeit früh abklären

Oft werden Hörstörungen bei Kindern zu spät erkannt. Schon das Gehör eines Neugeborenen kann man heute mit moderner Technik überprüfen. Immer mehr Geburtskliniken und Arztpraxen bieten diese Untersuchungen inzwischen routinemäßig an. Sind die Untersuchungsergebnisse auffällig, wird das Baby in den kommenden Wochen neuen Tests unterzogen. Finden die Ärzte heraus, dass ein Kind Schwierigkeiten mit dem Hören hat, wird es frühzeitig mit einer Hörhilfe versorgt. Die meisten Babys gewöhnen sich schnell an das Hörgerät. Selbst stark schwerhörige Kinder können sprechen lernen, wenn sie beizeiten ein Hörgerät bekommen.

Da noch nicht alle Neugeborenen bei den ersten Vorsorgeuntersuchungen auf ihre Hörfähigkeit untersucht werden, sollten Eltern noch in der Geburtsklinik auf einem Hörtest bestehen oder ihr Baby bald beim Kinderarzt oder in der Praxis eines Hals-Nasen-Ohren-Arztes testen lassen.

Da durch häufige Mittelohrentzündungen, durch eine Kinderkrankheit wie Mumps, aber auch durch andere Erkrankungen die Hörfähigkeit leiden kann, sollten Eltern ihr Kind genau beobachten und sein Gehör auch nach den ersten Neugeborenen-Tests häufiger überprüfen lassen. Sie können auch selbst erste Tests zu Hause durchführen, um ein paar Anhaltspunkte zu gewinnen.

Was tun?

- Geräusche machen. Mit einem kleinen Glöckchen hinter dem Rücken des Babys klingeln. Oder in die Hände klatschen. Oder leise flüstern. Oder mit einem Kochlöffel auf einen Topf schlagen, während das Baby mit sich selbst beschäftigt ist, zum Beispiel durchs Zimmer krabbelt. Reagiert das Baby auf die verschiedenen Geräusche in unterschiedlicher Lautstärke?

Erhält das Gehör in den ersten Lebensmonaten keine »Nahrung«, fehlt ihm die Erfahrung, mit Geräuschen umzugehen. Dieser Mangel an ersten akustischen Sinneseindrücken kann später durch Hörhilfen kaum noch ausgeglichen werden und wirkt sich schwerwiegend auf das Sprechenlernen aus. Ein schwerhöriges Kind lernt nicht nur schwerer sprechen, sondern bekommt oft im sozialen Bereich Probleme, weil es menschliche Reaktionen und Stimmungen nicht schnell und nicht richtig einordnen kann. Der Grund: Trost, Aufmunterung, Erstaunen, schlechte Laune – die Befindlichkeit seiner Mitmenschen drückt sich über die Stimme und Tonlage intensiver aus als durch Mimik und Gestik.

Dauerlärm: für Babys eine Belastung

Das Ohr ist ein Wunderwerk – hochkompliziert, zu erstaunlichen Leistungen fähig. So kann ein Kind zum Beispiel aus Stimmengewirr die vertraute Stimme seiner Mutter heraushören.

Das Ohr ist unserer immer lauter werdenden Umwelt schutzlos ausgeliefert: Kein Lid wie beim Auge, das man zuklappen könnte, um störenden Lärm auszublenden: Straßenlärm, Musikgedröhne, Flugzeuglärm – den ganz alltäglichen Krach, den wir dauernd im Ohr haben. Unser Ohr ist immer offen.

Viele Menschen klagen heute über Lärmbelästigung. Sie richtet wirklich Schaden an – was auch daran abzulesen ist, dass die psychosomatisch bedingten Gehörerkrankungen rasant zunehmen. Lärm ist nicht nur laut, sondern mehr:

- Er beeinträchtigt die Leistungsfähigkeit eines Menschen, führt zu Erschöpfung.
- Er kann unangenehme Gefühle wie Angst und Schrecken auslösen, sich damit besonders belastend auf ein Baby auswirken, das sich nicht dagegen wehren kann. Zum Beispiel in der Gaststätte, im Kaufhaus, zu Hause, wenn der große Bruder seine Musikanlage aufdreht.

Da Dauerlärm zu Dauerstress führen kann, sollten Eltern ihr Baby möglichst vor aggressivem Lärm schützen. Das heißt aber nicht zurück ins stille Kämmerlein. Der ganz normale Trubel stört ein Baby normalerweise kaum (siehe Seite 72).

Vorsicht beim Säubern der Ohren

Ohrenschmalz wird von einer Drüse produziert, die im äußeren Gehörgang sitzt. Das Schmalz ist kein überflüssiger »Dreck«, sondern hat eine sinnvolle Aufgabe: Es dient der Reinigung des Gehörgangs. Hautzellen, Talg und Staub verbinden sich mit diesem Sekret. Durch Kaubewegungen wird das Ohrenschmalz von innen nach außen gedrückt. Mütter entfernen das Ohrenschmalz gerne mit einem Wattestäbchen, das sie in das Kinderohr einführen. Völlig falsch, denn die Säuberung …

- … behindert die Selbstreinigung des Gehörgangs,
- … zerstört die Schutzschicht aus Ohrenschmalz im Gehörgang,
- … schiebt Ohrenschmalz in Richtung Trommelfell. Dort kann sich ein Pfropf bilden.

Stattdessen empfiehlt es sich, die Ohren nur vorne in der Muschel mit dem Zipfel eines sauberen Waschlappens oder mit einem Wattestäbchen zu reinigen. Auch die Hautfalten hinter den Ohren vorsichtig säubern. Die Ohren gründlich trockentupfen, denn Feuchtigkeit und Cremereste können Entzündungen hervorrufen.

Die meisten Babys reagieren sehr aufmerksam auf Musik und lassen sich von schönen Melodien betören. Beim Zuhören können sie Missbehagen vergessen.

Mit Musik besänftigen und gute Laune verbreiten

Das Baby hat Fieber, mag nicht schlafen, nicht trinken, nicht spielen. Und es hat auch keine Lust auf Unterhaltung. Die Mutter legt es schließlich auf ein dickes Kissen in der Sofaecke und legt eine CD auf: ein Menuett von Boccherini. Ob die Musik das Baby zufriedener macht?
Schon vor der Geburt ist der Mensch von Tönen umgeben. In der geschützten, mit Fruchtwasser gefüllten Gebärmutter dringen nicht nur die Herztöne zum Kind, sondern es hört auch die Atmung und Stimme seiner Mutter sowie Geräusche aus Magen und Darm. Auch die Welt draußen nimmt das ungeborene Kind zuerst über das Hören wahr. Es hört, wenn auch gedämpft, Klänge, Rhythmen, Musik. Es hört den bellenden Hund, das hupende Auto, die Stimme des Vaters. Deshalb sind ihm nach der Geburt einige Geräusche und Klänge bereits vertraut, zum Beispiel:

- die Stimme der Mutter (auch wenn sie in den Ohren eines Neugeborenen jetzt anders, ein bisschen ungewohnt klingt),
- die Lieblingsmusik der Mutter, die sie während der Schwangerschaft häufiger gehört und die das ungeborene Kind mitgehört hat.

Musik beeinflusst die Gefühle

Musik beeinflusst Menschen, dringt ohne Umwege gleich bis zu ihrer Seele durch. Sie macht fröhlich oder traurig, versetzt sie in Bewegung oder bringt sie zur Ruhe. Dass wir intensiv und emotional darauf reagieren, hängt auch damit zusammen, dass Töne und Klänge, ähnlich wie Gerüche und Düfte, sofort in einen Bereich des Gehirns durchgeschaltet werden, der für unsere Gefühle zuständig ist. Da Musik mit unseren Gefühlen in der zuständigen Schaltstelle im Gehirn gekoppelt ist, bleiben uns bestimmte Klangerlebnisse in Erinnerung: »Bei diesem Song denke ich immer daran, wie glücklich ich war, als ich ihn zum ersten Mal gehört habe!« Oft kommen uns ganz bestimmte Assoziationen dazu – Bilder, die mit Erinnerungen zu tun haben.
Musik kann auch bei einem kleinen Kind erstaunlich unterschiedliche Gefühle hervorrufen: Eine zarte Geige löst andere Gefühle aus als laute Pauken und Trompeten. Das Kind kann manche »Stimmungen«, die von Musik ausgehen, bereits erfassen. Viele Eltern erleben fasziniert mit, wie intensiv schon ihr Neugeborenes durch Musik beeinflusst wird. Dabei sind die Musikgeschmäcker der Kleinen bereits so unterschiedlich wie bei den Erwachsenen auch. Mag der eine Winzling vor allem Pop, bevorzugt der andere Mozart oder Meditationsmusik. Wahrscheinlich sind diese Vorlieben auch

davon abhängig, welche Musik die Mutter während der Schwangerschaft gehört hat.
Zeigt ein Baby noch keine besonderen Vorlieben, dann eignen sich sanfte Töne als Einstieg ins Musikhören sicherlich besser als schroffe und laute. Je sanfter die Klänge, desto besänftigender in der Regel ihre Wirkung. Viele erfahrene Mütter schwören auf die Musik von Mozart und erzählen, sie bringe unruhige Kinder garantiert zur Ruhe. Auch die »Moldau« von Smetana sei gut als »Beruhigungsmittel« geeignet.
Den wohltuenden, heilenden Effekt von Musik nutzt man zunehmend auf Frühgeborenenstationen. Den Winzlingen wird ein Kassettenrekorder mit Mamas Lieblingskassetten in den Brutkasten gestellt. An den Monitoren ist abzulesen, dass die Klänge die Babys wirklich erreichen, denn die Kleinen entspannen sich daraufhin sichtlich. Noch wirkungsvoller: selbst Musik machen. Leise auf einer Flöte spielen oder singen (siehe Seite 68). Mit Lautstärke und Klang einfühlsam auf das Kind reagieren.
Nicht nur für Babys ist Musik ein wirkungsvolles Entspannungsmittel, sondern auch für gestresste Mütter – vor allem dann, wenn sie erleben, dass ihr kranker Liebling endlich zu Ruhe kommt. Wenn sie sehen, wie sich seine zu Fäusten geballten Hände öffnen, wie sein Atem regelmäßiger wird. Erstaunt beobachten die Großen, wie ihr Kind die Musik wahrnimmt und genießt. Manchmal braucht ein Kind eine ganze Weile, bis es endlich auf die Musik reagiert und zur Ruhe kommt. Es macht nichts, dem kleinen Patienten immer wieder die gleiche Musik vorzuspielen, wenn gerade diese Töne am besten bei ihm ankommen. Kleine Kinder lieben feste Gewohnheiten, weil sie ihnen Halt und Stütze sind.

Wie findet man die »richtige« Musik, die Mutter und Kind Freude macht?

- Eine Auswahl treffen unter sämtlichen Lieblingsstücken. Suchen Sie Titel aus, die für Sie selbst mit schönen Erinnerungen verknüpft sind. Hören Sie die Stücke häufig gemeinsam mit dem Kind, damit ein »Ohrwurm« daraus wird, der sich einprägt.

Ein Tipp für Mütter: Besonders ruhige, sanfte Musik bringt nicht immer und bei jedem Kind die ersehnte Entspannung. Denn wer stark unter Strom steht, sehr gestresst ist, sollte zuerst ein Stück hören, das diesem Zustand angepasst ist: Experten empfehlen aufregendere, unruhigere Musik. Der Grund: Wer in erschöpftem Zustand ein zartes Wiegenlied zu hören bekommt, fühlt sich oft doppelt matt. Besser: Zuerst Musik auswählen, die zu den eigenen Gefühlen passt, später dann zu ruhigeren Klängen übergehen.

Möglichst frühzeitig zum Augenarzt

Das Schielen sieht man, andere Sehfehler dagegen nicht; sie werden oft erst kurz vor der Einschulung im Rahmen eines Gesundheits-Checks erkannt. Dann ist kostbare Zeit vergangen. Deshalb ist es wichtig, die Augen frühzeitig vom Arzt überprüfen zu lassen.

Mit jedem Baby frühzeitig zum Augenarzt?

Die wenigsten Eltern kommen auf die Idee, ihr Kind könne einen Sehfehler haben, wenn es sie mit seinen großen runden Augen anstrahlt. Erst wenn es in der Schule die Buchstaben an der Tafel nicht erkennen kann, wird mancher Sehfehler entdeckt – oft zu spät, um ihn noch vollständig zu korrigieren. Leiten die Augen, zum Beispiel verursacht durch eine einseitige starke Kurzsichtigkeit, Bilder von sehr unterschiedlicher Qualität an das Sehzentrum weiter, dann wertet das Gehirn meist nur die scharfen Bilder des gesunden Auges aus. Die Folge: Das schwächere Auge wird aufgrund der geringeren Beanspruchung noch schwächer.
Sehfehler können die kognitive und motorische Entwicklung eines Babys nachhaltig beeinträchtigen. Um zu verhindern, dass sie lange unentdeckt bleiben, sollte ein Baby möglichst frühzeitig dem Augenarzt vorgestellt werden. Er kann einen eventuell vorhandenen Sehfehler frühzeitig diagnostizieren und gezielt behandeln.

Schielt ein Baby, wird mit der Behandlung heute möglichst frühzeitig begonnen. Die meisten Babys machen dabei einigermaßen geduldig mit – oft geduldiger als ältere Kinder.

Anzeichen: Manchem Neugeborenen fällt es zu Beginn seines Lebens schwer, Mamas Nase mit beiden Augen gleichzeitig zu fixieren. Das Baby schielt. Dieses erste Schielen ist häufig kein »echtes« Schielen. Es sieht nur so aus. Aber natürlich schielt manches Baby auch »richtig«. Die Probleme, die sich bei einem Kind aus »echtem« Schielen ergeben können:

- Nur das stärkere Auge wird trainiert. Das schwächere wird weit weniger geübt und kann so auf Dauer an Sehleistung verlieren.
- Das räumliche Sehen wird nicht gelernt, denn Voraussetzung dafür ist, dass beide Augen gleichermaßen mit der für das Sehen zuständigen Schaltzentrale im Gehirn verbunden sind.

Behandlung: Dank neuerer Tests ist bekannt, dass ein Kind schon mit sechs Monaten beidseitig über seine volle Sehschärfe verfügt und auch schon räumlich sehen kann. Diese Erkenntnis hat zur Folge, dass die Behandlung des Schielens heute bereits vom sechsten Monat an beginnen kann.

- Zuerst wird ein eventuell vorliegender Sehfehler korrigiert. Das ist bei einem schielenden Baby häufig der Fall, in der Regel leidet es unter Weitsichtigkeit. Falls sinnvoll, wird heute schon einem halbjährigen Baby eine spezielle Babybrille verschrieben. Das Schielen kann aber auch andere Ursachen haben.

- Nach Korrektur der Sehschärfe wird das Schielen behandelt. Dabei geht es vor allem darum, das schwächere Auge mit Prismen und Folien zu trainieren, zum Sehen zu animieren. Deshalb wird das gesunde Auge in unterschiedlichem Rhythmus vorübergehend und stundenweise mit einem Pflaster abgedeckt. Im Schulalter ist zur Korrektur manchmal eine Operation unumgänglich.

Was tun?

- Zum Augenarzt gehen bei Verdacht auf Schielen – auch schon im ersten Halbjahr.

- Wenn das Kind eine Brille tragen muss, mit viel Geduld und Gelassenheit darauf reagieren. Meist gewöhnt sich ein Baby eher daran als ein Kind im Vorschulalter.

Nur mit Sonnenbrille in den Süden?

Im Süden müssen die Augen des Babys auf jeden Fall vor UV-Strahlen geschützt werden. Außerdem kann grelles Sonnenlicht den empfindlichen Babyaugen schaden. Eine Sonnenbrille muss aber nicht sein, besser eignet sich ein Hut mit Krempe, damit die Augen im Schatten liegen. Oder das Baby sitzt gut beschützt im Schatten. Wer sich dennoch für eine Babysonnenbrille entscheidet, sollte beim Kauf darauf achten, dass die Gläser auch wirklich UV-Strahlen abhalten. Sehr preisgünstige Brillen schaden mehr als sie nützen, denn bedingt durch die Tönung der Gläser erweitert sich die Pupille, und die UV-Strahlen können dann ungehindert eindringen und eventuell das Auge schädigen.

Bitte kein Blitzlichtgewitter beim Fotografieren

Kaum ist das Baby auf der Welt, schon blitzt es. Der stolze Vater macht ein Foto von dem Neuankömmling. Schädlich oder nicht schädlich? Die Augen eines Neugeborenen sind gegen helles Licht unvollkommen geschützt, weil die graublau schimmernde Iris noch keine schützenden Pigmentstoffe aufweist. Grelles Licht kann also noch nicht absorbiert werden. Die Lichtreize dringen bis zur Netzhaut und können, wenn sie sehr stark und anhaltend sind, die Netzhaut schädigen. So ist heute bekannt, dass eine zu intensive Beleuchtung auf Frühgeborenenstationen zu Sehstörungen führen kann. Außerdem versetzt der Blitz manches Neugeborene in Angst und Schrecken. Keine gute Erfahrung, wenn man gerade erst auf die Welt gekommen ist. Schon allein deshalb sollte ein Neugeborenes von dauerndem Blitzlichtgewitter verschont bleiben.

Farbe ins Leben bringen, von Nöten ablenken

Rot steht hoch im Kurs bei ihnen – Babys haben ein und dieselbe Lieblingsfarbe. Auch Lila ist beliebt.

Bereits kurze Zeit nach der Geburt ist ein Neugeborenes imstande, die Gesichter seiner Eltern zu verfolgen und Spielzeuge wahrzunehmen – vor allem rote oder violette Farbtöne gefallen ihm. Ein roter Ball, ein lila Strumpf – alles höchst interessant. 90 Prozent aller sinnlichen Eindrücke nimmt ein Kind über seine Augen wahr; kein Wunder also, dass das Gucken, das Sich-Umschauen und Staunen zu seinen Lieblingsbeschäftigungen zählen.
Ein kleines Kind, das »Nahrung« für seine Augen, neue Eindrücke geboten bekommt und sich mit großen Augen in der Welt umgucken kann, ist gut beschäftigt – ein krankes Baby vergisst bei diesem spannenden Spiel vielleicht sogar für einen Moment sein Unbehagen.
Kann ein Baby in eine bunte Welt eintauchen, interessante Farben und Formen entdecken, dann erwacht seine Neugierde auf das, was das Leben ihm zu bieten hat. Wie können Eltern Farben zur Heilung nutzen, ihrem Kind angenehmes »Augenfutter« bieten, das entspannend wirkt?

- Einerseits ist jedes Babys konservativ, es mag Wiederholungen. Es kann Bilderbücher immer wieder anschauen, ohne sich zu langweilen, Autos auf der Straße nicht genug bewundern, Mond und Sterne jeden Abend wieder betrachten.
- Andererseits darf es auch mal etwas Neues sein: ein neues Spiel mit bunten Karten, ein anderes Bilderbuch.

Für Eltern besteht das Kunststück darin, ihrem Baby eine gute Mischung aus alten und neuen optischen Reizen anzubieten – wohltuend fürs Auge und spannend genug, um es vom Kranksein abzulenken.

Ein paar Tipps

- Gesichter studieren. Mutters und Vaters Gesicht – das interessanteste Angebot – zu studieren wird nie langweilig. Vor allem dann nicht, wenn sie sich laufend verändern: mal lachen, mal Grimassen schneiden.
- Unter einem pastellfarbenen Betthimmel schlummern. Das schafft im Bettchen ein angenehmes Licht in Purpurtönen.
- Im Kinderzimmer umschauen. An die Neugierde des Babys anknüpfen, seinen Blick für unterschiedliche Farben und Formen schärfen,

deshalb bunte, blinkende Dinge über sein Bett hängen: Zum gewohnten bunten Mobile ein neues, das ebenfalls in der Luft tanzt und schwingt. Einen Strauß bunter Luftballons von der Decke baumeln lassen. Kurze und lange, schmale und breite bunte Stoffbänder verknüpfen und über den Wickeltisch hängen. In seinen ersten Lebensmonaten bevorzugt ein Baby große Muster: bunte Streifen und Karos.

- Das Baby zuschauen lassen, wenn Wäsche sortiert und zusammengelegt wird. Vor seinen Augen bunte Kindersocken ordnen.

- Die Wohnung inspizieren. Betrachten Sie mit dem Baby auf dem Arm die verschiedenen Buchrücken im Bücherregal. Zeigen Sie ihm die verschiedenen Farben. Oder schauen Sie gemeinsam einen roten Apfel und eine orangefarbene Apfelsine an, zeigen Sie dem Baby bunte Becher oder durchblättern und zerreißen Sie mit ihm zusammen bunte Zeitschriften. Je unterschiedlicher die Dinge sind, die das Baby zu sehen bekommt, desto größer ist seine Aufmerksamkeit.

- Den Garten betrachten oder einen Park. Pflücken Sie von Bäumen Blätter, die Sie dann gemeinsam mit dem Baby anschauen. Bewundern Sie Blumenbeete. Zupfen Sie die Blätter von einer Blüte ab und spielen Sie mit den Blütenblättern: Man kann daraus zum Beispiel einen Kreis auf dem Handrücken legen oder die Blütenblätter vor dem Kind in die Luft werfen und zuschauen, wie sie auf die Erde rieseln. Sie können auch das Bett so stellen, dass das Baby nach draußen ins Grüne oder auf eine Zimmerpflanze schauen kann.

- Am Tisch sitzen und zugucken. Das Baby in seinen Hochstuhl setzen und zuschauen lassen, wenn Mama mit dicken Filzstiften viele bunte Bilder auf Zeichenpapier malt: eine dicke gelbe Sonne mit vielen Sonnenstrahlen, ein rotes Spitzgiebelhaus mit grünen Fenstern und einer blauen Haustür, einen braunen Hahn mit buntem Schwanz.

- Seifenblasen nachschauen. Pusten Sie jede Menge Seifenblasen in den Himmel und schauen Sie den zarten Dingern gemeinsam mit dem Baby nach. Welche Blase segelt am weitesten? Welche glitzert am schönsten im Sonnenlicht?

- Bunte Muster begucken. Die Muster auf Vaters Hemd oder Mutters Kleid sind für ein Baby eine spannende Landkarte, auf der es mit seinen Augen spazieren gehen kann.

Wie funktioniert das Sehen?

Das menschliche Auge fängt Lichtzeichen, elektromagnetische Wellen durch die Linse ein und leitet diese an die Netzhaut weiter. Dort wird das, was das Baby sieht, umgekehrt und verkleinert abgebildet. Millionen von Sehzellen erkennen Farben und Formen, übersetzen diese Lichtzeichen in elektrische Signale, die dann über den Sehnerv an das Gehirn geleitet werden. Dort werden die Signale wieder in Bilder »übersetzt«. Im Gehirn werden die Eindrücke sortiert. Nur ein geringer Teil der Informationen, die ankommen, wird verarbeitet und gespeichert.

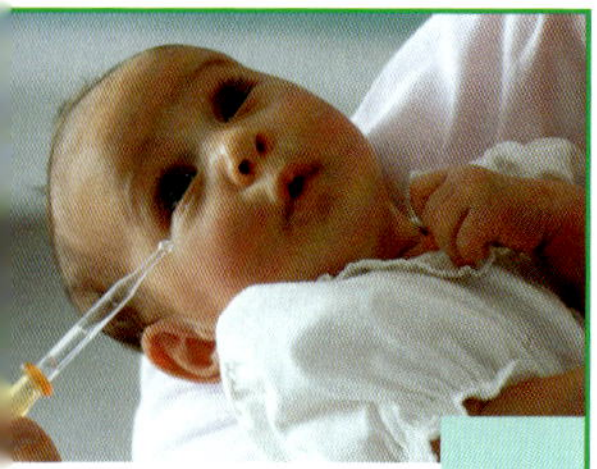

Babyaugen sind besonders empfindlich, weil die Schutzvorrichtungen noch nicht perfekt funktionieren.

Wenn die Augen entzündet sind

Ein Baby hat empfindliche Augen, denn bei der Geburt sind die Vorrichtungen, die seine Augen schützen sollen, noch unvollkommen entwickelt. Die Tränendrüsen funktionieren zum Beispiel noch nicht perfekt. Der Lidschlag erfolgt selten. Da ihre Augen sehr empfindlich sind, leiden Babys nicht selten an Augenentzündungen.

Verstopfter Tränenkanal

Anzeichen: Mitunter kullern einem Baby spärliche Tränen über die Wangen, auch wenn es recht vergnügt ist, oder seine Augen sind nach dem Aufwachen verklebt. Oder in den Augenwinkeln sammeln sich kleine Eiterpolster an.
Ursache: Der Tränen-Nasen-Kanal ist verstopft, der Tränensack entzündet. Deshalb können die Tränen nicht, wie sie das normalerweise bei einem kleinen Kind tun, durch den Nasenraum abfließen. Staut sich das Sekret, können sich leicht Bakterien ansiedeln, was dann zu einer Entzündung führt.
Behandlung: Bei Verdacht auf einen verstopften Tränenkanal oder entzündeten Tränensack sollte das Baby vom Arzt behandelt werden. Er wird den Eltern zeigen, wie sie die Region um Tränenkanal und Tränensack vorsichtig massieren können, und ihnen Behandlungstipps geben.

Was tun?

- Die Augen auswaschen, und zwar vorsichtig mit lauwarmem, abgekochtem Wasser. Für jedes Auge ein frisches Tuch benutzen.

Bei den meisten Säuglingen öffnet sich der Kanal in den ersten Lebensmonaten von selbst. Wenn nicht, was selten geschieht, öffnet der Arzt den Tränenkanal ambulant unter einer kurzen Narkose (nach dem ersten Lebensjahr).

Bindehautentzündung

Die Bindehaut schützt die Augen vor Fremdkörpern und Reizstoffen. Auf Einwirkungen von außen reagiert sie schnell empfindlich.
Anzeichen: Eine Entzündung der Bindehaut, der Schleimhaut zwischen Augenlid und Augapfel, zeigt sich durch eine starke Rötung und wässriges, schleimiges oder eitriges Sekret. Manchmal sind die Lidränder verklebt, bei einer stärkeren Entzündung sind die Lider geschwollen. Die Augen schmer-

zen und reagieren empfindlich auf Licht. Dann kneifen Babys die Lider zusammen.

Ursachen: Manchmal tritt eine Bindehautentzündung als Begleiterscheinung einer Allergie (Heuschnupfen) auf. Andere mögliche Ursachen: Zigarettenrauch, Staubkörner, grelles Licht, Viren oder Bakterien (zum Beispiel bei Erkältungs- oder manchen Kinderkrankheiten).

Behandlung: Wenn die Bindehautentzündung nicht gleich wieder abklingt, mit dem Baby zum Kinderarzt gehen, damit er die Ursache feststellen und entsprechende Medikamente verordnen kann, zum Beispiel bei einer allergischen Entzündung.

Was tun?

- Vermeiden, was die Entzündung verursacht oder verschlimmert haben könnte: Zigarettenrauch (schadet Babys immer), intensives Licht, Zugluft.

- Die Augen des Babys mehrmals täglich reinigen: mit lauwarmem, abgekochtem Wasser säubern, dabei von innen nach außen wischen. Für jedes Auge ein sauberes Tuch benutzen.

- Mit dem Baby nicht in helles Licht gehen.

- Einen Verband anlegen. Das schmerzende Auge, wenn nötig, mit einem Verband abdecken.

- Augentrost lindert die Beschwerden.

- Mitunter geht es nicht ohne Augentropfen, die bei Entzündungen und Reizzuständen der empfindlichen Bindehaut verordnet werden. Die Augentropfen auch wirklich ins Auge zu träufeln ist ein Kunststück, das nicht ganz einfach zu bewältigen ist. Am besten geht das zu zweit: Der eine nimmt das Baby auf den Schoß – den Kopf sachte nach hinten gedrückt – und hält es fest. Der andere zieht das Augenlid des Kindes ein wenig nach unten und versucht, die körperwarmen Tropfen mit Hilfe einer Pipette zwischen Lid und Auge zu träufeln. Selbst wenn das Baby häufiger unter Augenentzündungen leidet: Die vom Arzt verordneten Tropfen nicht aufheben, denn beim Träufeln stößt man mit dem Arzneifläschchen leicht ans Lid. Dadurch können Krankheitserreger vom infizierten Lid in das Fläschchen gelangen.

Auch Babys können schon unter Kopfweh und Migräne leiden

Einem Baby kann auch schon der Kopf dröhnen. Wenn es schreit und unruhig ist, kommen seine Eltern nicht unbedingt darauf, dass ihm der Schädel brummen könnte. Was tun?

- Viel zu trinken anbieten (siehe Seite 33).
- Einen kühlen, feuchten Waschlappen auf die Stirn legen.
- Gedämpftes Licht. Nicht in die Sonne gehen.
- Eine Pfefferminzöllösung (gibt es in der Apotheke) in den Nacken geben, einen Tropfen einmassieren.

Auch ein Baby kann schon unter Migräne leiden. Migräne kann die Ursache sein, wenn es häufig erbricht und das Erbrochene nach Essig riecht. In seltenen Fällen kommen zu dem Erbrechen große Unruhe und Schielen hinzu. Leidet es häufig unter Symptomen, die auf Kopfschmerzen oder Migräne hinweisen könnten, sollten Eltern mit ihrem Kind zum Kinderarzt gehen.

Mit jeder Faser ihres Herzens hängen kleine Kinder an ihren Schmusetieren. Zuverlässige Freunde sind sie – Freunde, die immer für das Kind da sind.

Schmusetiere trösten und schützen Kinder

Nicht ohne Teddy! Kaum ein Kind lebt ohne Kuscheltier an seiner Seite. Gegen Ende der Babyzeit entwickeln viele Kinder eine innige Liebe zu ihrem Teddy. Der plüschige Liebling begleitet seinen Besitzer durch die Kinderjahre.

Der Teddy ist der erste gute Freund, vertraut von Kopf bis Fuß: einfach einmalig, unersetzbar. Mit der Zeit setzt das Plüschtier Patina an. In Kinderaugen erhöht das seinen Reiz höchstens noch. Reichlich zottelig mit ausgedünntem Fell und klebrigen Honigflecken sitzt der Bär mit am Esstisch oder auf der Wickelkommode oder im Auto auf dem Weg zur Krabbelgruppe. Und abends sitzt er am Bett. (Nicht im Bett, denn das Baby könnte im Schlaf sein Gesicht im weichen Fell vergraben und keine Luft mehr bekommen!)

Der Plüschfreund erleichtert dem Kind den abendlichen Abschied von Mutter und Vater. Wacht das Kind nachts auf, bemerkt es in sichtbarer Nähe sofort Vertrautes und schläft dann oft schnell wieder ein. Der Teddy bewacht den Schlaf, schützt vor Sturm und schlechten Träumen, ist immer da. Er verändert sich nicht wesentlich, riecht, wie er immer roch: ein bisschen nach alter Milch, herrlich vertraut und zuverlässig. Außerdem kann man an ihm herumnuckeln, herumbeißen – solch ein Plüschtier hält viel aus.

Der Plüschfreund spendet zuverlässig Trost

Der Teddy verkörpert Beständigkeit, symbolisiert eine feste Bindung, gibt dem Kind, das ihn im Arm hält, viel Halt und Sicherheit – ein Stück Geborgenheit wie die Eltern. Er ist Zuflucht, Mutmacher in einsamen und ungemütlichen Momenten, Knuddelpartner – weich, warm und kuschelig.

Der Weggefährte aus Stoff ist vor allem in unangenehmen Situationen unersetzbar, in rauen Zeiten, die den Teddybesitzer überfordern: Mit ihm an der Seite fühlt sich das Einjährige einfach besser – egal, ob es gerade unter Fieber oder unter einer heftigen Erkältung leidet oder von Hustenattacken gequält wird. Mit ihm im Schlepptau lassen sich beängstigende Momente, wie zum Beispiel ein Besuch beim Kinderarzt mit Piksen und Blutabnehmen, leichter ertragen. Der Teddy kann sogar Schmerzen lindern.

Manchmal muss solch ein Plüschkamerad schlimme Verzweiflungsausbrüche über sich ergehen lassen: Wenn das Kranksein viel Kraft kostet, wird schon mal voller Wut und Verzweiflung an ihm gezerrt, auf ihn eingekloppt. Macht nichts, ein Teddy steckt alles weg. Er ist da, spendet Trost, tut dem kleinen Patienten rundum von Herzen gut.

Muss ein Kind ins Krankenhaus, sollte es etwas aus seiner häuslichen Umgebung mitnehmen: ein Stück Vertrautheit. Der lieb gewonnene Teddy ist

hier genau richtig. Er erinnert an zu Hause, sorgt für einen Hauch von Geborgenheit in der fremden Umgebung, wenn die Eltern nicht die ganze Zeit bleiben können.
Gegen Ende des ersten Jahres bekommt der Teddy noch eine zusätzliche Bedeutung: Mit seiner Hilfe fällt es dem Baby leichter, sich langsam von seiner Mutter zu lösen, die ersten kleinen Schritte zu tun, um die enge Verbundenheit des ersten Jahres zu lockern. Der Teddy muss die Mama manchmal teilweise ersetzen: Er ist dann ihr Stellvertreter.
Natürlich muss der geliebte Teddy nicht unbedingt ein Teddy sein. Auch Frotteeschweine, Fellhasen und Plüschmäuse haben das Zeug zum Kuschelfavoriten und ständigen Begleiter. Selbst Stoffwindeln, ausgefranste Taschentücher und Minikopfkissen werden gerne dazu umfunktioniert und sind als Schnuffeltücher und Schmusedecken jahrelang im Einsatz. Zerkaute Schnuller und Nuckeldaumen erfüllen oft die gleiche Funktion.

Kuscheltiere – ein Gesundheitsrisiko?

Egal ob Ente, Hase oder Teddybär – Stofftiere können mit Schadstoffen belastet sein, die teuren ebenso wie die wesentlich preiswerteren. Weil Babys Flügel, Pfoten und Öhrchen ihrer Lieblinge in den Mund stecken und daran nuckeln, können Stofftiere ein Gesundheitsrisiko sein. Wie können Eltern das Risiko verringern?

- Gezielt einkaufen. Beim Kauf nach schadstofffreien Tieren Ausschau halten (Informationen über die Zeitschrift Öko-Test) und darauf achten, dass die Tiere keine Kleinteile haben, die ein Baby leicht verschlucken könnte. Am praktischsten: Tiere aus Frottee.

- Waschen. Manche Schadstoffe lassen sich herauswaschen, deshalb die Plüschtiere gleich nach dem Kauf in die Waschmaschine stecken, die meisten vertragen eine große Wäsche. Weil Kinder den Geruch ihres Lieblings lieben, das gute Stück später bitte nur bei absoluter Dreckstarre waschen – schlimm genug, dass es hinterher frisch duftet und nicht mehr muffelt. (Vor allem allergiekranke Kinder brauchen waschbare Lieblinge.)

- Tiefgefrieren. Wenn die plüschigen Seelentröster schon lange in Gebrauch sind, tummeln sich im Plüsch Krankheitskeime, Milben und anderes Minigetier, denen man am besten mit Kälte zu Leibe rückt. Das Stofftier für 24 Stunden in die Tiefkühltruhe legen.

Die ersten Zähne und die ersten Infekte – zwei Ereignisse, die häufiger zusammenfallen.

Wenn die Zähne kommen

Das Baby schläft miserabel, ist tagsüber schlecht gelaunt, hat gegen Abend leichtes Fieber. »Garantiert wieder ein Zahn, deshalb ...!« Ab dem sechsten Monat erklären Eltern gerne jeden Infekt, den sich ihr Baby einfängt, jede Missstimmung, die es beutelt, mit dem Hinweis auf das Zahnen. Die Zähne sind an allem schuld.

Stimmt nicht, denn das eine hat mit dem anderen nichts zu tun, sondern fällt nur zufällig zeitlich zusammen. Die Erklärung: In der Phase, in der die ersten Zähne kommen, ist der Organismus sehr beansprucht, denn das Baby entwickelt sich jetzt in Riesenschritten. Es wächst, lernt robben, krabbeln, sich am Stuhl hochzuziehen. Das stresst den Organismus. Manchmal geht die Entwicklung zu schnell, dann ist der Körper stark beansprucht. Die Folge: Das Baby fühlt sich nicht gut. Gleichzeitig macht manchem Kind das Zähnekriegen zu schaffen, und es leidet unter der doppelten Belastung.

Warum kann das Zahnen richtig wehtun?

Bei den meisten Kindern macht das Zahnen keine besonderen Probleme. Aber manchmal eben doch, viele Eltern wissen ein Lied davon zu singen.

Anzeichen: Das Zähnekriegen löst eigentlich weniger Schmerzen als unangenehme Druckgefühle aus. Das Zahnfleisch juckt und kitzelt häufig, brennt vielleicht sogar. Manches Baby sabbert Unmengen an Flüssigkeit auf sein Hemdchen, da Druck und Schmerz die Speichelproduktion ankurbeln.

Da es unter den Spannungsgefühlen heftig leidet, versucht sich das Kind davon zu befreien. Es lutscht nicht nur auf seinem Spielzeug herum, um es mit Zunge und Gaumen zu erkunden, sondern reibt mit allem, was ihm in die Finger kommt und was es in den Mund stecken kann, an seinem Zahnfleisch: mit einer Brotrinde, einem Bauklotz, einem Stoffhasenbein – mit lauter Dingen, die nicht unbedingt klinisch sauber sind. Auch mit den Fingern, die ebenfalls nicht immer rein und frisch gewaschen sind, wird das empfindliche, geschwollene Zahnfleisch massiert. Kein Wunder also, dass sich das Zahnfleisch mitunter richtig entzündet. Dann kommt zu dem lästigen Spannungs- und Druckgefühl noch ein Entzündungsschmerz.

Ursache: Das Zahnfleisch über dem neuen Zahn steht unter Spannung. Die Spannung verstärkt sich noch, wenn sich der Zahn immer weiter hochschiebt.

Was tun?

- Kühlendes Spielzeug anbieten. Dem Baby sind jetzt Dinge willkommen, die das geschwollene Zahnfleisch kühlen: ein im Kühlschrank erkalteter Beißring oder ein Metalllöffel, den es in den Mund stecken kann.

- Material zum Reiben und Rubbeln anbieten: festes und einigermaßen Sauberes wie einen Brotkanten, einen Apfelschnitz, ein Stück Karotte, gut gekühlt, oder ein Stück Zwieback. Manche schwören auf eine Veilchenwurzel aus der Apotheke. Die Wurzel sollte allerdings täglich unter heißem Wasser gebürstet werden, sonst ist sie zu unhygienisch.
- Kamillentee hemmt Entzündungen.
- Nelkenöl. Einige Tropfen auf ein kleines, sauberes Tuch träufeln und dem Baby zum Nuckeln geben.
- Spezielle schmerzlindernde Tinkturen oder Salben aus der Apotheke, die kühlen und den Schmerz lindern.
- Homöopathische Kügelchen (Globuli) können auch weiterhelfen. (Alle Arzneien mit dem Kinderarzt absprechen.)

Ein Tipp: Das Baby nie aus den Augen lassen, wenn es auf Lebensmitteln herumkaut, denn es könnte sich verschlucken.

Wie die Zähne kommen

Bereits im zweiten Monat der Schwangerschaft entsteht die Zahnleiste, gegen Mitte der Schwangerschaft bilden sich dann die Zahnkeime. Bis der Keim zu einem richtigen Zahn wird, vergehen noch einige Monate. Die ersten Zähnchen fangen ab dem dritten Lebensmonat an, sich im Kiefer hochzuschieben. Da, wo diese ersten Zähnchen sitzen werden, verdickt sich dann das Zahnfleisch. Bei den meisten Babys zeigen sich zuerst die mittleren Schneidezähne im Unterkiefer. Bis zum Ende des ersten Jahres sind meist alle Schneidezähne da. In der Mitte des zweiten Lebensjahres kommen die ersten vier Backenzähne, um den zweiten Geburtstag die Eckzähne und danach die hinteren Backenzähne. Aber das muss nicht so sein, denn auch das Zahnen ist eine sehr individuelle Angelegenheit.

- Die Frühzahner starten mit den ersten Zähnen schon im zweiten, dritten Monat. (Sehr selten kommt ein Säugling schon mit ein, zwei Zähnchen auf die Welt.)
- Normalerweise bekommt ein Baby seine ersten Zähne zwischen dem vierten und dem achten Lebensmonat.
- Die Spätzahner sind erst nach dem ersten Geburtstag dran.

Egal ob früh oder spät – kommen die ersten Zähne zum Vorschein, dann sitzen sie noch etwas wackelig im Gebiss. Der Grund: Erst nach dem Durchbruch wachsen den Zähnchen Wurzeln. Die Backen- und Eckzähne brechen erst zwischen dem 10. und 14. Lebensmonat durch.

Ein Tipp: Weil Karies ansteckend ist, sollte das Baby nichts in den Mund nehmen, was ein anderer schon angebissen oder abgeleckt hat.

Zähneputzen – wie und ab wann?

Sobald die ersten Zähne blitzen, brauchen sie Pflege, denn Zähneputzen beugt Karies vor. Schon im ersten Lebensjahr sollten sie einmal täglich mit einem Wattestäbchen oder Mulltuch geputzt werden. Die tägliche Pflege muss sein, weil Karies von Milchzähnen leicht auf die nachkommenden übergeht.

Aber wie putzt man einem Winzling die Zähne? Das Baby wird sein Mündchen nicht gleich öffnen, nur weil Mami das will. Nehmen Sie es deshalb wie beim Stillen in den Arm. Sagen Sie selbst laut »Aaa« und reißen Sie den Mund weit auf. Da Babys groß im Nachahmen sind, öffnet sich der Kindermund wahrscheinlich ebenfalls, und das Zähneputzen wird möglich.

Werden die Zähne später mit Zahnpasta gereinigt, unbedingt Kinderzahnpasta benutzen. Kaufen Sie bitte nicht irgendeine Kinderzahnbürste, sondern eine mit Spezialkopf fürs Babyalter. Die Zahnbürste muss etwa nach vier Wochen ausgewechselt werden.

Und wie werden die Zähne gereinigt? Vom Zahnfleisch zu den Zähnen hin, sanft und kreisend putzen.

Es lohnt sich, aus dem Zähneputzen ein Ritual zu machen, dann prägt sich die Gewohnheit besser ein und wird zur Selbstverständlichkeit. Eine Möglichkeit: Immer annähernd zur gleichen Zeit am gleichen Ort die Zähne putzen – am besten im Badezimmer vorm Spiegel. Hinterher werden zur Unterhaltung vor dem Spiegel noch ein paar Faxen gemacht. Am besten nach jeder Mahlzeit putzen. Eltern sind beim Zähneputzen übrigens das große Vorbild, an dem sich das Kind später orientieren wird. Erlebt es mit, dass Mama und Papa ihre Zähne regelmäßig und gut pflegen, wird das Zähneputzen als ein Muss akzeptiert und übernommen.

Fluoride für die Zähne?

Viele Zahnärzte empfehlen Fluoride – am besten bereits im Babyalter. Fluoride sind Mineralsalze, die den Zahnschmelz härten und die Zähne vor Karies schützen. Unter Fachleuten besteht keine Einigung darüber, ob Fluoride per Zahnpasta oder per Tabletten zugeführt werden sollten. Die wichtigsten Argumente:

- Für Zahncreme spricht, dass die Fluoride gleich dahin kommen, wo sie hingehören: an die Zähne, und nicht erst, wie bei Tabletten, durch den ganzen Körper geschickt werden.
- Für Tabletten spricht: Die Fluoride wirken schon vor dem Durchbruch der Zähne.
- Manche Ärzte empfehlen, mit dem ersten Zähnchen Tabletten zu geben, und später, wenn das Baby die Zahnpasta nicht mehr schluckt, fluoridhaltige Zahnpasta.

Herz- und Kreislauf-störungen

und was Eltern tun können

Beschwerden und gesundheitliche Probleme mit Herz und Kreislauf machen Eltern Angst, weil sie, anders als bei Bauchweh und Halsschmerzen, eher größere Komplikationen befürchten. Glücklicherweise sind gravierende Störungen in diesem Bereich bei kleinen Kindern eher selten. Bei den meisten Kindern ist alles in Ordnung.

Angeborene Herzfehler müssen keineswegs lebensbedrohlich sein. Sie sollten den Kinderarzt aber bei jedem Infekt des Kindes darauf hinweisen, damit er Komplikationen von vorneherein ausschließen kann.

Angeborene Herzfehler

Schwere Herzfehler werden meist sofort nach der Geburt eines Babys erkannt. Hat ein Baby dagegen einen angeborenen, nicht lebensbedrohlichen Herzfehler, so fällt das nicht unbedingt gleich auf.

Anzeichen: Die Eltern beobachten, dass sich ihr Kind in seinem Verhalten von anderen Babys unterscheidet, auffallend ruhig oder auch besonders unruhig ist. Es schwitzt viel, trinkt nicht richtig, ist blass. Ein Herzfehler wird meistens bei einer der ersten Vorsorgeuntersuchungen erkannt, wenn der Arzt das Baby abhört. Herztöne und Herzschlag weisen ihn darauf hin. Bei einem Herzfehler treten andere Geräusche auf als normalerweise. Manchmal kann auch die Färbung von Haut und Schleimhaut auf eine Fehlbildung am Herzen hinweisen: blaue Lippen, Finger und Zehen.

Ursache: Der häufigste angeborene Herzfehler ist ein Loch in der Scheidewand, die linke und rechte Herzkammer trennt (Ventrikelseptumdefekt). Es kommen aber auch fehlerhafte Herzklappen vor, oder manche Blutgefäße sind nur unvollständig ausgebildet oder schließen nicht an der richtigen Stelle des Herzens an (Transposition der großen Arterien). Von 100 neugeborenen Kindern weist eines einen Defekt am Herzen auf. Der Grund: In der vorgeburtlichen Entwicklung dieses komplizierten Systems sind Störungen aufgetreten. Die Frage nach dem Warum bleibt meistens unbeantwortet, denn nur in seltenen Fällen lässt sich sagen, was diese Fehlbildung verursacht haben könnte – zum Beispiel eine Rötelinfektion.

Behandlung: Wird ein Herzfehler vermutet, werden aufwendige Untersuchungen in einem kinderkardiologischen Zentrum durchgeführt. Ausgeprägte Herzfehler können heute mit Hilfe einer Operation behoben werden, aber erst, wenn das Baby ein gewisses Alter erreicht hat. Die Wartezeit kann für Eltern und Kind sehr belastend sein. Aber nicht jeder Schaden muss operiert werden: So schließen sich kleine Löcher in der Herzscheidewand meist von selbst. Mit einem leichten Herzfehler kann ein Kind ohne große Schwierigkeiten leben, manchmal können sich allerdings Entwicklungsstörungen ergeben.

Was tun?

Wenn ein Kind einen angeborenen Herzfehler hat, den Arzt auch bei harmloseren Infekten immer darauf hinweisen. Der Grund: Bei Infektionen durch Viren oder Bakterien ist das Herz eines herzkranken Kindes stärker gefährdet. Deshalb wird der Arzt bei einer durch Bakterien verursachten Infektion, zum Beispiel einer eitrigen Mandelentzündung, wahrscheinlich ein Antibiotikum verschreiben, um zu verhindern, dass die Erreger das Herz befallen.

Kalte Hände, kalte Füße – ganz normal?

Bei Säuglingen sind kalte Füße und kalte Hände nichts Ungewöhnliches. Besonders in den ersten Monaten, wenn sich ein Baby noch nicht viel bewegt, lässt die Durchblutung des gesamten Organismus zu wünschen übrig: Der Kreislauf braucht eine Weile, um voll auszureifen und perfekt zu funktionieren. Obwohl die Körpertemperatur stimmt – sie liegt zwischen 36,5 und 37, 5 °C –, sind manche Körperteile mitunter richtig ausgekühlt: vor allem Hände und Füße, die weit vom Herzen entfernt sind, oder Nase und Ohren, die weit vorstehen. Kein Grund, sich Sorgen zu machen, aber doch eine Überlegung wert, ob man dem Baby warme Socken und Handschuhe anziehen sollte.

Wenn das Baby allerdings einen kalten Bauch oder einen kalten Rücken hat, ist größere Vorsicht angesagt: Ein kleines Kind kühlt schnell aus, da es aufgrund des nicht vorhandenen Fettgewebes kaum Wärme speichern kann. Deshalb brauchen Babys warme Kleidung und für die »kühlen« Regionen einen besondern Schutz zum Warmhalten:

- Socken für die kalten Füße
- Mütze für das empfindliche, oft noch haarlose Köpfchen und die zarten Ohren
- Handschuhe für die kleinen Hände

Aber Vorsicht: Zu viel Wärme ist auch nicht das Wahre, denn wenn der Wicht zu dick eingemummelt ist, beginnt er zu schwitzen. Schweißnasse Haut im Nacken bedeutet: zu viel Hitze. (Kalte Hände und Füße sind kein zuverlässiges Zeichen dafür, ob die Körpertemperatur des Babys optimal ist, weil sie sich oft kalt anfühlen.)

Zu viel Wärme bedeutet ein Risiko: Dem Baby sollte vor allem beim Schlafen nicht zu warm sein. (Zimmertemperatur 16 bis 18 °C, Tragetasche nicht auf den Boden stellen bei Fußbodenheizung!)

Wie eiskalt ist dein Händchen… Mutter oder Vater heben ihr Baby morgens aus seinem warmen Bettchen und stellen erstaunt fest, dass seine Hände und Füße richtig kalt sind. Warum – wenn doch der ganze Körper mollig warm ist?

Weil es keine eindeutigen Orientierungsdaten gibt, jedes Kind anders ist, jedes seine eigenen Vorlieben und Abneigungen hat, ist es wichtig, das Baby zu beobachten und darauf zu vertrauen, dass es ziemlich eindeutig mitteilt, wenn ihm bei der Spazierfahrt etwas nicht passt. Dann wird gequengelt und geknört.

Bei jedem Wetter an die Luft

Jeder kennt das Bild: Bei Wind und Wetter, Tag für Tag ziehen Mütter mit Kinderwagen oder Buggy ihre Runden. Sie wissen, warum sie ihr Baby täglich »lüften« – mit ihm an die Luft gehen, auch wenn es sich nicht sehr wohl fühlt und kränkelt:

- Es tut einem Kind gut, ans Licht zu kommen, um neue Energie aufzutanken.
- Spaziergänge bei Wind und Wetter härten ein Baby ab, stärken seine Widerstandskräfte und schützen es vor neuen Erkältungskrankheiten.
- Der Temperaturunterschied zwischen drinnen und draußen trainiert den Kreislauf, regt den Stoffwechsel und die Atemfunktion an.

Ab der zweiten Woche kann ein Baby ins Freie (Frühchen und besonders zarte Babys erst später). Geübte Mütter wissen darüber hinaus aus Erfahrung, wie lange sie bei welchem Wetter draußen bleiben, wie dick oder dünn sie ihr Baby für seine Spazierfahrten anziehen; ungeübte müssen es nach und nach selbst herausfinden: Alles ist Erfahrungssache.
Auch mit einem fiebernden Baby kann man ins Freie gehen. Man sollte es aber nicht extra warm anziehen, sonst kann es zu einem Hitzestau kommen, sondern wie üblich ankleiden. Weitere Tipps:

- Schlafende Babys kühlen eher aus als wache; kleine und zarte eher als größere und kräftige.
- Eincremen, wenn es draußen lausekalt und ziemlich windig ist. Tragen Sie auf Nase, Wangen und Kinn vor jeder rauen Spazierfahrt eine spezielle Kälteschutzcreme (aus der Apotheke) gründlich auf. Achten Sie auf die Inhaltsstoffe, denn Wintercremes sollten kein Wasser enthalten, weil dies gefrieren und die Haut schädigen könnte.
- Die Mittagszeit, wenn es wärmer ist, eignet sich am besten für Ausflüge. Lieber häufiger und kurz vor die Tür gehen.
- Feuchte, neblige Tage mit Vorsicht genießen. Dann sollten Sie nur etwa eine halbe Stunde unterwegs sein, weil die Luft jetzt mit winzigsten Wassertröpfchen angereichert ist, die auf Dauer die Kleidung durchnässen und das Baby frieren lassen.

- Bei stärkerem Wind sollte ein Ausflug nicht länger als zehn Minuten dauern, denn dabei kühlt der Körper schneller aus. Außerdem haben manche Babys Angst vor Windgeräuschen.
- Mit dem Kind aber extreme Reize meiden wie etwa Eiseskälte (ab –10 °C), starke Nässe, stürmischen Wind.

Wo ist ein Baby im Winter unterwegs am besten aufgehoben?

- **Im Tragetuch oder Tragesack.** An Mutters oder Vaters Brust hat es das Kind besonders gemütlich. Auf der einen Seite durch den Körper gewärmt, auf der anderen warm zugedeckt und eingemummelt in eine dicke Winterjacke, ist es vor Wind und Wetter gut geschützt. Das Baby aber nur im Tragesack mitnehmen, wenn es mit unter Mamas oder Papas gut gefütterten Mantel schlüpfen kann.
- **Im Kinderwagen.** Den Wagen bei Kälte von unten isolieren: Styropor unter die Matratze legen oder ein Stück Isomatte. Den Wagen mit einer Wärmflasche »vorheizen« (vorm Start wieder entfernen, damit sich das Baby nicht verbrennen kann oder es zu warm wird). Das Verdeck des Kinderwagens als Windschutz hochklappen. Im Winter ist das Baby am besten in einem Fellsack untergebracht.
- **Im Buggy.** Das Baby im Winter in einen wärmenden, locker sitzenden Fellsack stecken, sonst kühlt es zu schnell aus.
- **Die richtige Kleidung.** Hemdchen und Strampler aus Baumwolle, dann Hose und Jacke, darüber ein Overall. Wenn das Baby im Tragesack, eingemummelt in Mutters oder Vaters Wintermantel, unterwegs ist, reicht die Bekleidung aus, die es auch zu Hause trägt. Dazu immer warme Socken, warme Handschuhe und ein Mützchen.

Mittagsschlaf im Freien?

In den ersten drei Lebensmonaten sollte ein Baby bei frostigem Wetter noch keinen Mittagsschlaf im Freien halten, denn es könnte zu schnell auskühlen. Bei besserem Wetter: Ein windgeschütztes Plätzchen suchen, wo man den Wagen im Blick hat, oder das warm eingepackte Baby bei weit geöffnetem Fenster in seinem Zimmer schlafen lassen.

Das Baby rührt sich im Kinderwagen oder Buggy kaum und kühlt deshalb schnell aus. Je jünger es ist, desto weniger protestiert es gegen Kälte. Umso fürsorglicher müssen sich Eltern darum kümmern. Deshalb öfter Nase, Wangen, Hände des Babys abtasten. Kühl dürfen sie sein, aber nicht eiskalt. Ob sich ihr kleiner Spatz wohl fühlt, erkennt eine Mutter am ehesten, wenn sie den Babynacken abtastet. Alles ist in Ordnung, wenn er angenehm warm ist und das Kind nicht schwitzt.

Neugeborenen-Gelbsucht – ganz normal oder beunruhigend?

Am zweiten oder dritten Tag nach der Geburt zeigt sich bei vielen Neugeborenen eine Gelbfärbung der Haut: in der Regel kein Grund zur Sorge, sondern ganz normal, selbst wenn das Baby vorübergehend schlechter trinkt und sehr schläfrig ist.

Warum Gelbsucht – was bedeutet das?

Der Farbstoff der roten Blutkörperchen ist das Hämoglobin, es färbt das Blut rot. Das Hämoglobin eines Säuglings unterscheidet sich von dem eines älteren Babys. Es verändert sich nach der Geburt, nach vier Monaten ist der Umbau vollzogen. Ein Neugeborenes ist nicht nur mit besonderen, sondern auch mit mehr roten Blutkörperchen ausgestattet, als es braucht. Diese überflüssigen Blutkörperchen werden deshalb abgebaut. Beim Zerfall wird Bilirubin (Gallenfarbstoff) frei: ein Abbauprodukt des Blutfarbstoffs Hämoglobin.

Das bei diesem Prozess anfallende Bilirubin kann von der Leber des Säuglings nicht sofort, sondern erst nach und nach verarbeitet und ausgeschieden werden. Deshalb wird es vorübergehend in der Haut gelagert. Weil die Babyhaut noch sehr dünn ist, schimmert der Farbstoff gelblich durch die zarte Haut. Auch die Augäpfel und Fingernägel verfärben sich gelb. Normalerweise hat das keine negativen Folgen, denn bei etwa vier Fünfteln der betroffenen Babys verschwindet die Gelbsucht von selbst.

Gelbsucht – ein Begriff, der viele junge Eltern in den ersten Tagen mit Kind beunruhigt. Meist besteht kein Grund, sich Sorgen zu machen, wenn ein Neugeborenes Gelbsucht hat.

Was tun?

- Für Helligkeit sorgen. Stellen Sie das Bettchen mit dem Baby ans Fenster, aber nicht in die Sonne, denn Licht fördert den Abbau von Bilirubin.
- Viel zu trinken anbieten: abgekochtes Wasser oder Tee.

Komplikationen bei einer Gelbsucht

Wird Bilirubin dagegen nicht ausreichend abgebaut, ist die Gelbfärbung auffallend intensiv oder hält sie länger an, wird dem Neugeborenen meist eine Lichttherapie verordnet: Das Baby muss eine Nacht unter eine blaue Lampe. Es wird mit Licht einer bestimmten Wellenlänge bestrahlt, um Abbau und

Ausscheidung von Bilirubin zu beschleunigen, denn es gilt zu verhindern, dass das Bilirubin in das Gehirn eindringt. Dort kann es gesundheitliche Schäden verursachen, zum Beispiel eine Hörstörung oder geistige Behinderung. Die Lichttherapie kann Nebenwirkungen verursachen, etwa Durchfall oder Neugeborenen-Ausschlag, dafür kann sie schlimmere Schäden verhindern.

Anders liegen die Dinge, wenn eine deutliche Gelbsucht schon bei der Geburt besteht oder am ersten Lebenstag zu beobachten ist. Ursache dafür ist meist eine Unverträglichkeit des Babyblutes mit dem Blut seiner Mutter. Diese Störung muss unverzüglich in einer Kinderklinik behoben werden: Dort wird das Blut des Babys ausgetauscht – eine sehr wirksame Behandlungsmaßnahme. Oft wird eine Bluttransfusion bei einem Neugeborenen schon in den ersten Lebensstunden durchgeführt.

Unverträglichkeit des Blutes von Mutter und Kind

Welches Blut wir haben, ist genetisch festgelegt. Beim Menschen kommen vier Blutgruppen, A, B, AB und 0, deren Untergruppen und der Rhesusfaktor vor. Unterscheiden sich die Blutgruppen und der Rhesusfaktor von Mutter und Kind, können sich Komplikationen ergeben – zum Beispiel:

- Gelangt Blut des werdenden Kindes durch den Mutterkuchen in das Blut der Mutter, können sich im mütterlichen Organismus Abwehrstoffe gegen das Blut des Babys bilden.
- Gelangen die mütterlichen Abwehrstoffe dann umgekehrt durch den Mutterkuchen in das Blut des Babys, können sie das Kind schädigen.

Probleme sind häufig vorprogrammiert, wenn Mutter und Kind einen unterschiedlichen Rhesusfaktor haben. Etwa 15 Prozent aller Menschen sind rhesusnegativ. Das heißt: Ihnen fehlt der Rhesusfakor – eine bestimmte Eigenschaft ihres Blutes. 85 Prozent aller Menschen sind dagegen rhesuspositiv. Ihr Blut besitzt den Rh-Faktor, verfügt damit über diese besondere Bluteigenschaft.

Bekommt eine Frau, deren Blut rhesusnegativ ist, ein Baby von einem Mann, der rhesuspositiv ist, dann ist nach den Vererbungsgesetzen die Möglichkeit gegeben, dass das Baby ebenfalls rhesuspositiv ist. Wegen der unterschiedlichen Bluteigenschaften können also mütterliche Abwehrstoffe gegen die rhesuspositiven Eigenschaften des Kindes gebildet werden. Es kann sich eine Blutunverträglichkeit ergeben – nicht bei der ersten Schwangerschaft, aber bei späteren Schwangerschaften ist das häufig der Fall.

Die Folgen der Unverträglichkeit des Blutes zeigen sich beim Neugeborenen kurz nach der Geburt in einer schweren Gelbsucht. Das Blut muss dann möglichst schnell ausgetauscht werden, um das Baby vor Spätschäden zu bewahren.

Der Rhesusfaktor bezieht seinen Namen von den Rhesusäffchen, weil die besondere Bluteigenschaft zuerst bei diesen Äffchen entdeckt wurde.

Es zehrt an den eigenen Kräften, wenn das Baby erkrankt. Viele Babymütter fühlen sich dann ausgebrannt und schlapp: ziemlich erschöpft.

Die Zeit genießen, nicht verplanen

»Keine Zeit! Ich komme zu nichts! Ich bin todmüde, dauernd gehetzt. Das Baby nimmt mich total in Beschlag. Mittags renne ich noch im Nachthemd durch die Wohnung! Und meine eigenen Dinge bleiben wochenlang liegen!« Viele Mütter leiden unter Zeitmangel, schaffen nicht das zu tun, was sie meinen tun zu müssen, und zu dem, was sie tun möchten, kommen sie schon gar nicht – erst recht dann nicht, wenn das Baby unzufrieden ist und kränkelt. Dann gerät der ganze Alltag aus dem Gleis.

Auch wenn das Baby krank ist, steht die Zeit nicht still. Das ganz normale Pflichtprogramm, wie beispielsweise Haushalt, Einkaufen, Lesen und Beantworten von E-Mails, kostet viele Stunden. Das Vertrackte: Eine Mutter, der die Zeit dauernd davonrennt, die sehnlichst auf ein paar freie Stunden wartet und am Morgen schon weiß, dass bis zum Abend wieder nichts daraus wird, steht unter Strom.

Diese innere Anspannung nimmt ihr Kind seismographisch wahr; es reagiert entsprechend gereizt darauf und wird noch unglücklicher, als es ein krankes Baby sowieso schon ist. Wie kann man diesen Kreislauf durchbrechen?

Wenn der Stress hausgemacht ist

Viele Eltern stellen sich selbst unter Druck, weil sie sehr genaue Vorstellungen davon haben, wie das Leben mit Kind aussehen soll:

1. Alles soll nach Plan laufen ... Viele Mütter sind gut organisiert und fest entschlossen, auch mit Baby auf nichts zu verzichten, was ihnen wichtig ist. Sie strukturieren den Tag von A bis Z, um Kind und die eigenen Belange – um alles unter einen Hut zu bekommen. Bloß keine Abstriche vom Programm machen. Ein Baby lässt sich aber nicht verplanen, ein krankes Kind verhält sich erst recht nicht programmgemäß.

2. Alles soll perfekt sein ... Nicht wenige neigen dazu, ihre Welt zu stylen. Familie, Beruf – alles soll aus einem Guss sein – genau so, wie sie es sich erträumt haben. Die Träume bekommen oft Risse, weil das Leben mit Baby anders verläuft als im Traum, weil es nicht nur erfüllend und wunderbar ist, sondern zwischendurch auch mal ziemlich anstrengend, zum Beispiel, wenn das Kind seine ersten Krankheiten durchmacht.

Erfüllen sich diese Erwartungen nicht, geht mancher Mutter, manchem Vater fix die Puste aus. Stress macht sich breit. Wer zu viel auf einmal will, zum Beispiel gleichzeitig mit dem Wicht spielen, mit einem Auge in die Zeitung schielen und dabei noch Babyhemdchen und Babyhöschen sortieren, macht nichts richtig. Weder das Baby noch die angestrengte Mutter oder der gestresste Vater hat einen Gewinn von diesen Minuten.

Was tun?

- Der erste Schritt: Akzeptieren, dass das Leben mit Kind nicht nach Plan verläuft. Das Baby hat seinen eigenen Turn, seine Uhr tickt anders als die seiner Mama.

- Der zweite Schritt: Das Zeitproblem in den Griff kriegen: Nicht auf die Quantität – »Was packe ich alles in den Tag?« –, sondern auf die Qualität achten: »Wie nutze ich den Tag am besten?«

Hilfreich dabei: Aufschreiben, was Bedeutung hat: »Was braucht das Baby? Was brauche ich? Was brauchen wir alle zusammen – als Familie? Worauf kann ich am ehesten verzichten?« Mit diesem Zettel im Hintergrund gelingt es, die Zeit bewusster zu nutzen und nicht im Alltag zu verplempern. Auf einmal tun sich Spielräume auf, die vorher übersehen wurden.
Wann es sinnvoll sein kann, dem Tag eine Struktur zu geben und ein paar (wenige) Fixpunkte festzulegen, lesen Sie auf Seite 101.

Auftanken, Kräfte abgeben

Tee kochen, Fieber messen – wenn ein Baby krank ist, wird jede Mutter zusätzlich strapaziert. Umso wichtiger ist es, dass sie ihre Pflichten für den kleinen Patienten zwischendurch an Vater, Großmütter, Paten, Freundinnen delegieren kann, um selber neue Kräfte zu sammeln. Zwischendurch schnell mal ausspannen – was so einfach klingt, kann sich schwierig gestalten, denn Pausieren allein reicht nicht. Es nützt wenig, passiv darauf zu warten, dass sich die ersehnte Erholung einstellt. Wer Entspannung sucht, muss aktiv werden. Aber wie? Schieben Sie belastende Gefühle, Gedanken und Grübeleien zur Seite, denn nur wer seinen häuslichen Problemen für eine Weile entkommt, kann sich erholen. Klingt einfacher, als es ist. Mittel, die dabei helfen:

- Sport treiben. Mit Laufen, Tennisspielen, Gymnastik so intensiv beschäftigt sein, dass alles andere (fast) vergessen wird.
- Neue Anregungen suchen. Ins Museum, ins Theater, ins Kino gehen.
- Zur Ruhe kommen. Das heißt nicht müde in den Seilen hängen, sondern aktiv für Entspannung sorgen – durch Yoga, Meditation oder autogenes Training.

Ist der leere Energietank wieder aufgefüllt, die Müdigkeit überwunden, die Verkrampfung gelockert, fällt es leichter, den Alltag entspannter und gelassener anzugehen – und davon profitiert auch und vor allem das Baby.

Alle Mütter und Väter fürchten sich vor Krisensituationen: »Werde ich richtig reagieren, wenn es darauf ankommt?« Diese Frage beschäftigt viele.

Wenn der Kreislauf zusammenklappt

Kleine Kinder haben nur selten Herz-Kreislauf-Probleme. Wenn doch, liegt meist ein akuter Sauerstoffmangel vor, der durch Krankheit oder Unfall ausgelöst wurde.

Das Baby erleidet einen Schock

Ein Schock ist ein akutes Kreislaufversagen, bei dem der Organismus nur noch geringfügig oder gar nicht mehr mit Blut und Sauerstoff versorgt wird. Ob ein Kind unter Schock steht, lässt sich am Puls kontrollieren. Häufig ist dann ein flacher Puls zu fühlen. Bei kleinen Babys kann sich der Herzschlag verlangsamen.

Anzeichen: Wer unter Schock steht, fühlt sich kalt an, friert, ist in der Regel sehr blass. Hat eine Vergiftung, eine Infektion oder eine allergische Reaktion den Schock verursacht, kann sich die Haut aber auch warm und trocken anfühlen. Bei einem Baby sind die Lippen nicht selten bläulich verfärbt, auch das Nagelbett wirkt bläulich. Zu Beginn ist ein Kind, das unter Schock steht, unruhig und ängstlich, danach trübt sich das Bewusstsein oft ein.

Ursachen: Verliert ein Kind plötzlich viel Blut oder viel Flüssigkeit, kann es zu einem Schock kommen – zum Beispiel bei Unfällen, Brechdurchfall, Verbrennungen, Vergiftungen, schweren Infektionen oder allergischen Reaktionen.

Was tun?

- Sofort den Rettungsdienst benachrichtigen. Nach Helfern umschauen.
- Die Ursache des Schocks erkennen und, wenn möglich, beseitigen.
- Die Blutung stillen, wenn nötig.
- Beruhigen, denn Erregung kann den Schock verschlimmern. Das Baby keinesfalls allein lassen, sondern seinen Zustand, seinen Kreislauf, seine Atmung kontrollieren.
- Das Baby in eine Decke wickeln.
- Auf eine ebene Unterlage betten, die Beine hoch lagern oder hochhalten.

Das Baby ist bewusstlos

Bewusstlosigkeit entsteht, wenn das Gehirn nicht mehr ausreichend durchblutet wird.
Anzeichen: Bei Bewusstlosigkeit oder Eintrübung des Bewusstseins reagiert das Kind kaum noch oder gar nicht mehr auf Ansprache und Berührung.
Ursachen: Schreck, Schmerz, extremer Verlust von Flüssigkeit nach Durchfall oder eine Verletzung.

Was tun?

- Sofort den Rettungsdienst verständigen. Nach Helfern umschauen.

- Lebensrettende Sofortmaßnahmen ergreifen:
  Kontrollieren, ob die Atemwege frei sind (Fremdkörper, Erbrochenes beseitigen).
  Atmung überprüfen. Die Atmung reicht nur dann aus, wenn ein deutlicher Atemstrom zu spüren ist. Zur Überprüfung die Hand vor Nase und Mund des Kindes halten. Beatmen, wenn nötig.
  Die richtige Lage. Einen Säugling oder ein Kleinkind bei Bewusstlosigkeit auf den Bauch legen (wenn die Atmung funktioniert).
  Den Kopf zur Seite drehen.

Das Baby erleidet einen Herz-Kreislauf-Kollaps

Das Kind leidet unter akutem Sauerstoffmangel.
Anzeichen: Schwindel, Benommenheit, Bewusstlosigkeit.
Ursachen: Meist ein akuter Sauerstoffmangel.

Was tun?

- Sofort den Rettungsdienst verständigen. Nach Helfern umschauen.

- Lebensrettende Sofortmaßnahmen ergreifen:
  Kontrollieren, ob die Atemwege frei sind. Den Mund des Kindes öffnen, überprüfen, ob er von Speiseresten frei ist.
  Die Atmung kontrollieren. Die Atmung reicht nur dann aus, wenn ein deutlicher Atemstrom zu spüren ist. Zur Überprüfung die Hand vor Nase und Mund des Kindes halten. Beatmen, wenn nötig.
  Puls tasten: beim Säugling mit Zeige- und Mittelfinger an der Oberarmschlagader.

Atemspende

Wenn der Puls nicht mehr zu spüren ist oder weniger als 60 Schläge in der Minute beträgt, wenn das Kind nicht mehr atmet, sofort mit Wiederbelebungsversuchen beginnen: Den Kopf des Babys leicht nach hinten strecken, die linke Hand unter den Unterkiefer legen und das Baby beatmen.

Das Baby ist blass – für viele Eltern ein Grund, sich Sorgen zu machen. Oft ganz überflüssig: Dem Kind geht es trotzdem gut.

Blutarmut

Das Baby ist blass, und das beunruhigt seine Eltern, denn blass heißt für sie: Es muss einen Grund dafür geben. Stimmt, aber die Ursache der Blässe muss nicht unbedingt auf eine gesundheitliche Störung hinweisen. Es gibt auch andere Gründe:

- Manches Baby hat nie eine rosige Porzellanhaut, schon von Natur aus nicht, weil seine Oberhaut dicker ist als bei anderen Kindern – so fest, dass die Blutgefäße nicht rot durchschimmern.
- Wenn ein rosiges Baby blass wird, kann das auch auf eine plötzlich veränderte seelische Verfassung hindeuten: Es wird vielleicht blass vor Schreck, vor Aufregung oder auch vor Freude. Der Hintergrund: Die Blutgefäße im Gesicht verengen sich aufgrund der positiven oder negativen Erregung, und das hat zur Folge, dass die vorher rosigen Wangen plötzlich ihre Farbe verlieren.

Anzeichen: Blasse Wangen, blasse Bindehaut der Augen, blasse Haut unter den Fingernägeln, blasse Lippen – ganz allgemein schlechtes Aussehen kann auch auf eine Blutarmut (Anämie) hinweisen: eine Erkrankung, bei der ein Mangel an roten Blutkörperchen und/oder an Hämoglobin (Blutfarbstoff) besteht. Das Hämoglobin verleiht den roten Blutkörperchen ihre Farbe und transportiert den Sauerstoff.

Ursachen: Eine Blutarmut kann verschiedene Gründe haben:

- Falsche Ernährung. Liegt ein Eisenmangel vor, kann nicht genügend Hämoglobin gebildet werden.
- Verletzungen. Wenn ein kleines Kind bei einer Verletzung viel Blut verliert, kann es in sehr seltenen Fällen zu einer Anämie kommen.
- Gehäufte Infekte. Eine Anämie kann aber auch ein Hinweis auf eine weitere Krankheit sein. Deshalb bei Verdacht mit dem Baby möglichst bald zum Arzt gehen und das Blut untersuchen lassen.

Behandlung: Bei einer durch Eisenmangel verursachten Anämie verordnet der Arzt entsprechende Arzneien.

Was tun?

- Nahrungsmittel anbieten, die viel Eisen enthalten, zum Beispiel Fleisch, Eigelb, grünes Blattgemüse. Da Vitamin C die Aufnahme von Eisen erleichtert, dem Baby viel Obst geben. (Mit dem Arzt absprechen. Nicht für Säuglinge geeignet, aber für Babys, die schon älter als ein halbes Jahr sind.)

Wenn Magen und Darm Beschwerden machen

und was Eltern tun können

Regelmäßig wiederkehrende Bauchschmerzen zählen zu den häufigsten Beschwerden, die einem Kinderarzt vorgetragen werden. Bauchweh heißt aber nicht, das dem kleinen Patienten der Magen drückt. Der Bauch ist nicht nur bestimmend für das körperliche Wohlbefinden, für die Verdauung, sondern auch für die Stimmungslage eines Babys, das mehr aus dem Bauch heraus lebt als nach Vernunft und Köpfchen. Deshalb kann es mitunter doppelt schwierig sein, den wahren Grund der Beschwerden zu erkennen und sie richtig zu behandeln.

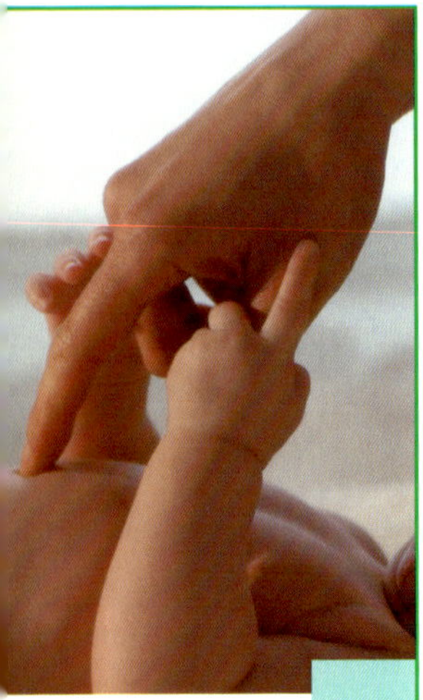

Manche Kinder reagieren auf Belastungen mit Nabelkoliken. Liebevolle Massagen und Wickel lindern die Beschwerden.

Nabelkoliken: Krämpfe in der Bauchnabelgegend

Anzeichen: Kleine, aber vor allem größere Kinder können plötzlich heftige Krämpfe in der Bauchnabelgegend bekommen – Bauchschmerzen, die als Nabelkoliken bezeichnet werden. Diese unangenehmen Krämpfe können immer wieder auftreten. Viele Kinder, die darunter leiden, werden ganz blass, schwitzen, verkriechen sich dann freiwillig in ihr Bett. Meist klingen die Schmerzen nach wenigen Minuten wieder ab, können aber auch ein, zwei Stunden anhalten.

Ursachen: Von Nabelkoliken sind meist besonders empfindsame Kinder betroffen, manchmal häufiger an einem Tag. Vor allem Kinder, die sehr feinnervig auf Unruhe, auf Druck und auf Belastungen reagieren, leiden darunter. Sie fühlen sich schnell überfordert, sind aufgeregt. Diese Anspannung schlägt ihnen auf den Bauch.

Was tun?

- Mit warmen Fingern den Bauch massieren. Streichen Sie mit der flachen Hand um den Bauchnabel, bis sich das Kind beruhigt und entspannt.

- Das nackte Baby auf den Schoß legen, Kopf auf Mutters Knien. Dann mit warmen, eingeölten Händen sanft und gleichzeitig fest über Beine und Bauch streichen. Danach den Rücken massieren. Umdrehen und mit den Fingerspitzen über das Gesicht streichen. Nun beide Beine fest um das Fußgelenk fassen und über dem Bauch kreuzen. Oder nur die Fußsohlen massieren.

- Einen Bauchwickel machen. Bereiten Sie zuerst einen Kamillentee zu: Eine Hand voll Kamille mit etwa ½ l Wasser überbrühen und 10 Minuten zugedeckt ziehen lassen. Falten Sie ein Frotteehandtuch längs in der Mitte und legen Sie das Baby auf das Handtuch. Dann tränken Sie eine große Serviette mit dem lauwarmen Tee, wringen sie aus und legen sie dem Baby als Kompresse auf den schmerzenden Bauch. Auf die feuchte Kompresse ein trockenes Tuch legen. Zum Schluss das Frotteehandtuch darüber schlagen. Der Wickel hält besser, wenn man große Boxershorts über den Wickel zieht.

Wenn der Darm streikt: akute Notfälle

Seltene Notfälle, ausgelöst durch Komplikationen im Darmbereich:

Darmverschluss (Ileus)

Anzeichen: aufgeblähter Bauch, Koliken, Erbrechen, Verstopfung, Schock.
Ursache: Der Darminhalt kann nicht verarbeitet und ausgeschieden werden, weil der Darm an einer Stelle oder an mehreren Stellen nicht mehr durchgängig, zum Beispiel durch einen Fremdkörper blockiert ist.

Was tun?

- Sofort den Notarzt benachrichtigen oder das Kind in die nächste Klinik bringen.

Darmlähmung

Anzeichen: Das Baby schreit und leidet unter heftigen Leibschmerzen. Der Bauch ist prall gebläht. Verstopfung, Schocksyndrom, später: Erbrechen.
Ursache: Auslöser ist eine schwere Infektion. Der Darminhalt kann nicht verarbeitet und ausgeschieden werden, weil die Darmwand gelähmt ist.

Was tun?

- Sofort den Notarzt benachrichtigen oder das Kind in die nächste Klinik bringen.

Darmeinstülpung (Invagination)

Anzeichen: Das Kind wird apathisch, wirkt schwer krank. Kolikartige Bauchschmerzen, Erbrechen. Oft kommt blutiger Durchfall hinzu.
Ursache: Darmteile stülpen sich ineinander – eine seltene Störung bei Kleinkindern und älteren Kindern.

Was tun?

- Sofort den Notarzt holen oder in eine nahe gelegene Klinik fahren.

Darmvorfall

Eine harmlosere Störung. Kommt nach starkem Stuhlgang, kräftigem Pressen vor.
Anzeichen: Am Darmausgang schiebt sich die Darmschleimhaut ein paar Zentimeter aus dem After.

Was tun?

In der Regel gelingt es, das vorgefallene Stück der Darmschleimhaut wieder zurückzubringen. Am besten geht's zu zweit:

- Der eine zieht das Baby an seinen gespreizten Bein hoch. Der andere schiebt den ausgetretenen Darm vorsichtig mit einem eingefetteten Finger zurück.

Ein Darmvorfall kann einmal oder auch häufiger auftreten. Ist eine schwere Verstopfung oder Durchfall die Ursache, sollte das Kind einem Arzt gezeigt werden.

Ruhephasen machen Sinn: Das Baby kann neue Kräfte sammeln, damit es später wieder quicklebendig loslegen kann.

Ruhe gönnen, nicht überreizen

Vom ersten verschlafenen Lächeln am Morgen bis zum letzten Blinzeln am Abend lernt ein Kind laufend dazu. Es ist damit beschäftigt, Rasseln zu schwingen, den Teddy durchs Kinderzimmer zu pfeffern, Bälle anzustoßen und sich schrecklich anzustrengen hinterherzukommen und den Frust wegzustecken, wenn das nicht funktioniert, Fernsehbilder zu enträtseln und mit Papa, Mama, der ganzen Familie zu lachen.
Noch beschäftigter ist es, wenn es in Bewegung kommt und seinen Radius erweitern kann: Es robbt über den Teppich, krabbelt, zieht sich am Stuhlbein hoch, wagt die ersten Schritte. Dazu kommen noch wichtige »Außentermine« wie Krabbelgruppe, Babyturnen und Stadtausflüge – ein spannendes, aktives Leben, ausfüllend und anregend. Tag für Tag haben Körper, Geist und Seele ordentlich zu tun.
Studien zeigen, dass Kinder heute zunehmend unter Kopf- und Bauchschmerzen leiden. Die Schmerzen werden in der Regel schnell kuriert, weil die Medizin heute über viele Mittel verfügt, die ein Kind schnell wieder fit machen. Im Alltagsgeschäft werden dabei häufig nur die Symptome kuriert, nach den Auslösern von Krankheit wird seltener gefragt.
Ein Auslöser für Kopf- und Bauchschmerzen kann Überforderung durch immer neue Eindrücke sein, die ein kleines Kind sammelt, aber noch nicht verarbeiten kann. Auf diese Belastungen reagiert es mit körperlichem Unbehagen, vielleicht sogar mit Krankheit. Andere Kinder zeigen ihren Eltern deutlich, wenn sie genug von dem sie umgebenden Trubel haben. Sie sind robuster, schlafen einfach ein.

Kranke Babys brauchen manchmal Zeit für sich

Kranksein bedeutet für ein kleines Kind – neben allen körperlichen Malaisen –, einfach eine Pause einzulegen, den aufregenden Babyalltag nicht von A bis Z voll auszukosten, mal ein, zwei Gänge herunterzuschalten, sich auszuruhen und alles Neue und Spannende eine Weile auf Abstand zu halten. Da sich ein krankes Kind meist elend und schlapp fühlt, reicht die Kraft für anstrengende Krabbeltouren oder intensive Bauklotzspiele jetzt nicht.
Der positive Aspekt daran: Der kleine Patient gewinnt Muße für die kleinen Dinge des Lebens. Er beobachtet den Sonnenfleck, der mit der Tageszeit durchs Zimmer wandert. Er spielt mit seinen Händen und betrachtet sie fasziniert wie ein ganz neues Spielzeug. Er horcht auf den Straßenlärm, der durch das Fenster dringt. Er schaut einer Katze zu, die auf dem Fensterbrett balanciert. Nichts Spektakuläres. Dabei kann man sich bestens ausruhen.
Jede Mutter, die ihr Baby in solchen Momenten beobachtet, weiß eigentlich

instinktiv, dass sie jetzt nicht stören sollte. Denn jeder Augenblick, den ein Kind, nur auf sich selbst konzentriert, mit Schauen, Hören, Riechen, Fühlen verbringt, tief versunken in seine Spiele, ist eine Quelle für neue Kraft und neue Ausgeglichenheit.

Manchmal fällt es schwer, den kleinen Sohn, die kleine Tochter sich selbst zu überlassen, auf leisen Sohlen wieder aus dem Zimmer zu schleichen und das Fiebermessen oder Baden oder Massieren auf später zu verschieben. Vor allem einer rührigen Mutter, die ihr krankes Baby ganz schnell wieder gesund sehen will, fällt es nicht leicht, sich zurückzuziehen, damit der kleine Träumer noch eine Weile Sonnenflecken beobachten oder mit seinen Händen spielen kann. Eine erfahrene Mutter weiß, dass ihr Kind in diesen stillen Momenten so viel neue Energie tankt, dass es hinterher, wenn das Kranksein passé ist, einen gewaltigen Entwicklungsschub getan haben wird. Das Vor-sich-hin-Träumen, das schläfrige Dösen hat also seinen Sinn. Eltern und Kind sollten deshalb gemeinsam lernen, die durch Krankheit verordnete Ruhe intensiv zu genießen, Gelassenheit zu entwickeln, die Seele baumeln zu lassen. Wenn das Baby ausgeträumt hat, ist es in der Regel sehr einverstanden damit, das Alleinsein gegen Gesellschaft einzutauschen.

Wenn Babys zu viel um die Ohren haben

Gestern Besuch bei der Großmutter, heute Krabbelgruppe, morgen Babyschwimmen – ein Terminkalender bestimmt das Leben, obwohl der Knirps noch kein Jahr alt ist. Kein Wunder, dass mancher Dreikäsehoch langsam zu schwächeln beginnt. Er gerät aus dem Trott, ist alles andere als ausgeglichen, kränkelt vielleicht sogar.

Warum wird jetzt schon Programm gemacht? »Weil unser Kind von Beginn an optimal gefördert werden soll«, meinen nicht wenige Eltern. Experten sind anderer Meinung, halten diese Rundumversorgung für wenig sinnvoll. Ein Grund ihrer Ablehnung: Kurse sind termingebunden, und das bedeutet im Alltag immer wieder, dass das Baby aus seinem Spiel oder Schlaf gerissen wird, wenn der nächste Termin ansteht. Nicht mehr der natürliche Rhythmus bestimmt den Tageslauf, sondern die Uhr. Dieses Wachbleiben-Müssen, obwohl es vielleicht gerade müde ist, dieses dauernde Ins-Auto-verfrachtet-Werden, obwohl es wahrscheinlich lieber zu Hause in aller Ruhe über den Teppich krabbeln würde, bedeutet für ein kleines Kind Anstrengung. Der Stress kostet Kraft, trägt nicht unbedingt zu seiner gesunden Entwicklung bei. Kann ein Baby dagegen das Leben weitgehend auf seine Weise erkunden, dient das schon eher seinem Wohlbefinden.

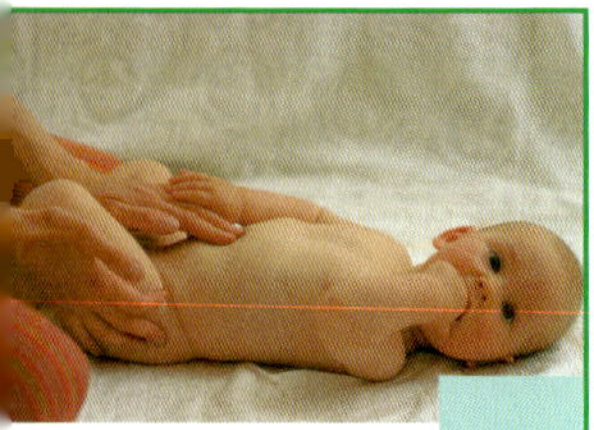

Blähungen: in den ersten Lebenswochen ganz normal?

Bei der Verdauung entstehen Gase im Darm. Bis zu einem gewissen Grad sind Blähungen also ganz normal.

Anzeichen: Nicht mehr normal ist es, wenn die Gase wehtun, wenn sie stark blähen und drücken. Das Kind leidet dann so stark darunter, dass es ganz unruhig und unglücklich ist, häufig und anhaltend schreit und mit rotem Kopf versucht, die quälenden Winde herauszudrücken. Der Bauch ist dann deutlich gebläht und vorgewölbt. Vor allem in den ersten Lebenswochen machen sich Blähungen bemerkbar.

Ursachen: Luft im Bauch. Babys, die viel schreien, schlucken viel Luft. Wenn diese Luft nicht durch ein Bäuerchen »entladen« wird, drückt sie. Daher das Bauchkneifen.

Milchzucker in Muttermilch und Flaschennahrung. Wenn der Zucker von den im Darm vorhandenen Bakterien vergoren wird, können Blähungen entstehen.

Zu häufiges Stillen. Zwei Stunden Mindestabstand zwischen den Brustmahlzeiten empfehlen Stillberaterinnen, sonst bekommt das Baby Blähungen.

Falsche Ernährung der Mutter, während sie noch stillt. Vielleicht hat sie blähende Lebensmittel zu sich genommen wie etwa Hülsenfrüchte.

Unverträglichkeit von Kuhmilcheiweiß kann zu heftigen Reaktionen führen (siehe Seite 178).

Die Unreife des kindlichen Verdauungsapparates.

Starke Blähungen können darüber hinaus ein Zeichen für eine ernsthaftere Erkrankung sein wie Blinddarmentzündung, Darmverschluss, Leistenbruch.

Behandlung: Sprechen Sie mit dem Kinderarzt auch über die Ernährung, darüber, ob und wie sich die Ursachen der Beschwerden abstellen lassen. Vielleicht empfiehlt er eine andere Flaschennahrung oder verschreibt ein Medikament gegen Blähungen.

Der Stoffwechsel eines Babys muss sich in den ersten Lebenswochen erst einspielen. Deshalb plagen sich viele Säuglinge mit Blähungen herum.

Was tun?

- Pausen einlegen. Häufiger Bäuerchen machen lassen.
- Langsam trinken lassen. Gierige Babys trinken viel Luft mit. Bei Stillbabys den ersten Milchstrahl abnehmen, dann erst stillen. Bei Flaschenkindern einen Sauger mit kleinem Loch nehmen.
- Das Baby herumtragen, auf den Arm nehmen, über eine Schulter

legen. Ihm sachte auf den Rücken klopfen, damit die überschüssige Luft entweichen kann. Vielleicht kommt noch ein Bäuerchen und erlöst das Baby von seinen Schmerzen. Oder das Kind bäuchlings auf dem Unterarm liegend hin- und herschaukeln.

- Dinkel- oder Kirschkernkissen auf den Bauch legen. Das Kissen im Ofen wärmen (5 Minuten bei 150 °C, Temperatur vor Gebrauch überprüfen).

- Wärmflasche auf den Bauch legen (nicht zu heiß!).

- Den Bauch massieren: Mit der flachen Hand rund um den Bauchnabel kreisend massieren – immer im Uhrzeigersinn oder Richtung Darmausgang.

- Massage mit Kümmelöl. 1 EL Kümmelöl mit Olivenöl verdünnen. Wenige Tropfen der Mischung auf den Bauch geben und behutsam einmassieren. (Vorsicht: Manche Kinder reagieren überempfindlich!)

- Beindrücken. Rumort es im Bauch, beide Knie gleichzeitig Richtung Bauch drücken. Dadurch gehen blähende Winde ab.

- Tee anbieten. Der Klassiker: Fencheltee hilft gegen die Gase in Magen und Darm. Mischen Sie ihn eventuell mit Anis oder rühren Sie die Flaschenahrung mit Tee an. Die Zubereitung von Anistee: ½ TL Anisfrüchte mit einem Löffel zerdrücken, dann mit kochendem Wasser überbrühen, 10 Minuten ziehen lassen, durch ein Sieb gießen. 3 EL lauwarmen Anistee in die Flaschennahrung geben.

- Feuchtwarmer Kamillenwickel. Ein Frotteehandtuch längs in der Mitte falten. Das Baby auf das Handtuch legen. Dann eine große Serviette mit dem lauwarmen Tee tränken, auswringen und dem Baby als Kompresse auf den schmerzenden Bauch legen. Über die feuchte Kompresse ein trockenes Tuch geben. Mit einem Wolltuch fixieren. Zubereitung: Eine Hand voll Kamille mit einem ½ l Wasser überbrühen, 10 Minuten ziehen lassen.

Warum das Bäuerchen so wichtig ist

Ein Baby schluckt beim Trinken viel Luft, vor allem wenn es aus der Flasche trinkt. Im Magen sammelt sich eine große Luftblase an, die Magendrücken hervorrufen kann. Die Folge: Das Kind hört auf zu trinken, obwohl es noch Hunger hat. Diese Luft kann auch Blähungen verursachen. Deshalb muss die Luft heraus, das Bäuerchen nach jeder Mahlzeit sein. Normalerweise kommt es am schnellsten, wenn man das Baby auf den Arm nimmt, über eine Schulter legt, dann mit ihm herumspaziert und ihm im Gehen sanft auf den Rücken klopft.

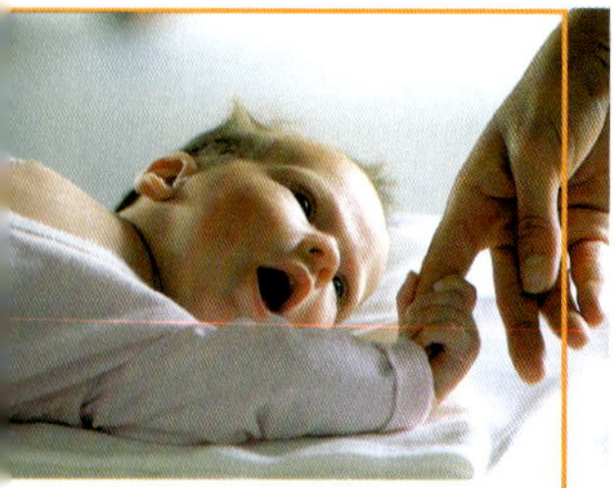

Zärtliche Rituale – ein Heilmittel der besonderen Art: Sie stehen für Zuverlässigkeit und Geborgenheit.

Die besonderen Kräfte der Rituale

Ein kleines Kind ist ein Gewohnheitswesen: Beim Baden darf die gelbe Quietschente keinesfalls fehlen. Das absolute Lieblingsbilderbuch aus Pappe muss beim Füttern immer aufgeklappt auf dem Tisch stehen. Ohne Teddy geht es abends nie zu Bett. Und geschlafen wird erst, wenn die Spieluhr ihr Lied abgedudelt hat. Tag für Tag müssen die immer gleichen Zeremonien nach dem immer gleichen Muster ablaufen. Dieses Immer-das-Gleiche wird höchstens Erwachsenen langweilig, einem Baby nie.

Was macht den Reiz von Ritualen aus?

Sie geben Halt und Orientierung, sind einem sicher und vermitteln die Gewissheit: Da ist jemand, der sich intensiv um mich kümmert, der an mich denkt – ganz regelmäßig und zuverlässig. Ohne diese Zusammenhänge zu verstehen, hat ein Baby doch schon eine Ahnung davon. Wenn es ihm bei Krankheit nicht gut geht, wenn es nicht weiß, was ihm eigentlich geschieht, wenn der Bauch zwackt oder es von Blähungen gequält wird, dann ist einem Baby die Gewissheit, dass seine Eltern ihm beistehen und das Leben in seinen gewohnten Bahnen verläuft, eine große Hilfe.

Rituale bieten aber nicht nur Struktur, sondern auch Glanz und Gloria: Im vorgegebenen Rahmen bleibt genug Spielraum für besondere Akzente und Spannungsmomente. So darf Mama das gewohnte Gute-Nacht-Lied durchaus ein bisschen verfremden, aber wirklich nur ein bisschen. Und Papa darf bei seiner Begrüßungszeremonie jeden Tag ein paar neue Fisimatenten machen. Besonders bewährt haben sich Rituale als Mutmacher, wenn sich kleine Leute wehgetan haben oder schlecht fühlen, weil sie krank sind, denn glücklicherweise lassen sie sich von ihren Wehwehchen und Schmerzen durch lang eingespielte, suggestive Handlungen ablenken.

Zu den wirkungsvollsten Mitteln gegen aufgeschürfte Knie, Ratscher, Bauchschmerzen und anderes Weh zählen die Eingebungen der Mütter. Steht so ein kleines Häufchen Elend jammernd und schluchzend vor ihr, greift jede Mutter dieser Welt instinktiv auf altbewährte Beschwörungsformeln wie »Heile, heile Segen« zurück. Sie küsst die schmerzende Stelle, pustet, bläst sanft über die Beule und spricht weitere magische Heilverse wie »Dreiblättrig Kraut, heil mir die Haut, still mir das Blut, dass mir's nimmer wehtut!«. Sie schimpft streng mit der blöden Tischkante, an der sich das Kind gerade gestoßen hat, und bewirkt damit tatsächlich Linderung.

Weitere Rituale, die kleine und größere Wehwehchen lindern

- Das Pflasterbild. Mit Filzstift ein Bild aufs Heftpflaster zeichnen, bevor es auf das aufgeschlagene Knie kommt.

- Besondere »Streicheleinheiten«. Wenn das Kind krank ist oder sich verletzt hat, gibt es zum Trost ...
  ... aus einem besonderen Becher Kakao zu trinken. Der Becher kommt nur in dieser besonderen Situation zum Einsatz.
  ... aus einer Extradose einen Keks, aus dieser speziellen Dose nur bei dieser besonderen Gelegenheit.
  ... ein spezielles Bilderbuch, aus dem nur im Krankheitsfall vorgelesen wird. Später kommt es wieder unter Verschluss.

- Nestbau. Wer mit Malaisen zu kämpfen hat, darf im Elternbett schlafen, in einem großen Nest aus Kissen und Decken.

- Schaumbad. Dem Baby ausnahmsweise ein duftendes Schaumbad gönnen. Den Schaum auftürmen. In den Schaum Tunnel graben.

- Kuschelmusik. Mit dem Baby auf dem Schoß in einem Sessel unter einer großen Decke verschwinden und eine ganz bestimmte Musik anhören.

- Wärmflasche. Zeichnen Sie auf einen Stoffbeutel mit dickem Filzstift zwei Punkte als Augen, zwei Striche als Nase und Mund. Die Wärmflasche stecken Sie in den Beutel und spielen damit wie mit einer Puppe. Zeigen Sie dem Baby das Beutelwesen und reden Sie mit ihm.

Pustevers

Heile, heile Kätzchen,
das Kätzchen hat vier Tätzchen
und einen langen Schwanz -
morgen ist alles wieder ganz.

Den Vers sagen, wenn sich das Baby gestoßen hat oder unter Bauchweh leidet. Dabei da streicheln, wo's wehtut.

Feinnervige, hellwache Babys leiden häufiger unter Bauchschmerzen als die etwas handfesteren.

Dreimonatskoliken: harte Zeiten mit viel Geschrei

Vor allem Jungen leiden an Dreimonatskoliken (Darmkrämpfen). Der Name weist auf das Typische dieser Koliken hin: Die Bauchschmerzen und Blähungen beginnen um die vierte Lebenswoche und enden im dritten, vierten Monat ganz plötzlich.

Anzeichen: Die Koliken äußern sich immer auf ein und dieselbe Weise. Am späten Nachmittag oder am Abend beginnt das Baby zu schreien, brüllt mitunter bis zu drei Stunden lang, manchmal mit Pausen, lässt sich durch nichts beruhigen. Im Gesicht zeichnen sich die Schmerzen ab. Gegen Ende der Schreiphase gehen Winde ab. Dann tritt langsam wieder Ruhe ein.

Vor allem betroffen: die aufgeregten Babys

Ein Kind, das unter Dreimonatskoliken leidet, trinkt in der Regel gut, oft reichlich und gierig. Es ist wahrscheinlich recht schreckhaft, schnell aufgeregt und angespannt. Meistens stellen sich die Koliken ein, wenn es schon seit einer Weile hellwach ist und intensiv am Familienleben teilnimmt.

Ursachen sind nicht eindeutig zu benennen. Man vermutet, dass die betroffenen Kinder recht intensiv, leicht überreizt auf Umwelteindrücke reagieren. Wenn das Baby älter wird, sich mehr bewegen kann, muss es, wenn es unter Strom steht, nicht mehr schreien, um seine Spannungen abzubauen. Jetzt kann es strampeln und mit den Armen rudern, um überschüssige Kräfte loszuwerden.

Behandlung: Natürlich reagieren Eltern wegen der täglichen Schreiphasen nicht nur nervös und gestresst, sondern auch beunruhigt mit der Frage: »Wie können wir helfen?« Der Arzt kann ihnen ihre Sorgen nehmen, indem er abklärt, ob das Baby wirklich unter Dreimonatskoliken leidet. In manchen Fällen wird er wahrscheinlich ein Medikament gegen Blähungen verschreiben.

Was tun?

- Auf die Ernährung von Kind und Mutter achten (siehe Seite 102).
- Den Bauch massieren (siehe Seite 103).
- Von Bauch zu Bauch trösten. Das nackte Baby auf den nackten Bauch von Mama oder Papa legen.

- Für ein Gleichmaß im Tageslauf sorgen. Ein Baby, das sein inneres Gleichgewicht noch nicht gefunden hat, braucht besonders viel Zuwendung, Zärtlichkeit und Geborgenheit. Sorgen Sie beim Stillen oder Füttern für Ruhe (kein Telefongeklingel, kein Radio).

- Kirschkernsäckchen aus dem Reformhaus im Backofen wärmen (Temperatur prüfen) und dem Baby auf den Bauch legen.

- Ein warmer »Ofen« für den Bauch (für Kleinkinder). Einen feuchten Umschlag machen: 1 TL Honig in ¼ l Wasser verrühren, drei Tropfen Lavendelöl dazugeben. Das Handtuch in das Duftwasser legen, auswringen, zusammenfalten, auf den Kinderbauch legen. Eine Wärmflasche auf das Tuch legen (Temperatur überprüfen!). Mit einem trockenen Handtuch abdecken. Ein Pulli sorgt dafür, dass der Aufbau hält. Nach 20 Minuten den Umschlag entfernen. (Vorsicht: Nicht jedes Kind verträgt den Lavendelduft!)

Viele der Maßnahmen, die bei ganz normalen Blähungen helfen, tun auch bei Dreimonatskoliken gut (siehe Seite 102).

Trotz all ihrer Versuche, dem Baby seine Unruhe zu nehmen und die Koliken zu behandeln, bleibt den Eltern oft nicht viel anderes übrig, als geduldig abzuwarten, bis sich die schmerzhaften Koliken mit der Zeit von selbst wieder geben. Je gelassener sie auf ihr Kind eingehen können, je mehr Ruhe sie ausstrahlen, desto größer die Wirkung ihrer Maßnahmen. Unsichere, aufgeregte Eltern übertragen die Anspannung, unter der sie stehen, auf ihr Kind.

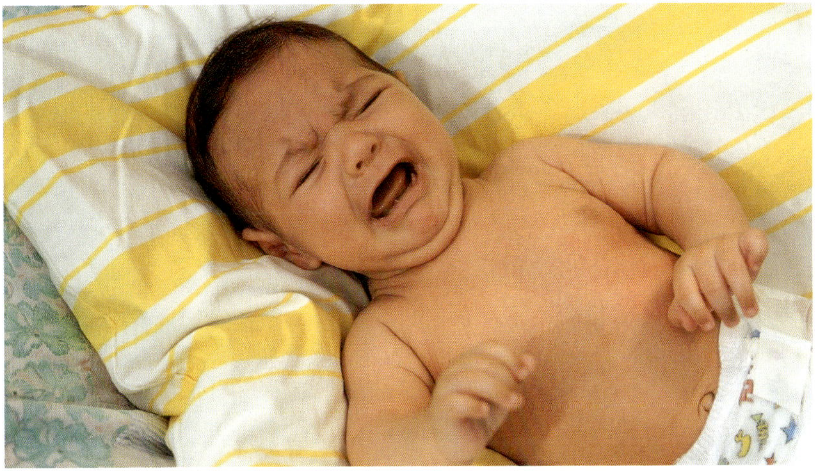

Magenpförtnerkrampf: Das Baby spuckt in hohem Bogen

Anzeichen: Ein Baby, das unter einem Magenpförtnerkrampf leidet, erbricht die Nahrung sofort nach der Mahlzeit oder bis zu einer Stunde danach explosionsartig und im hohen Schwall. Missgestimmt und sorgenvoll reagiert es auf diesen Vorfall. Danach ist der Magen leer: Das Baby hat wieder Hunger. Die **Folge:** wenig Stuhlgang, wenig Urin. Das Baby magert ab. Diese Störung betrifft Jungen eher als Mädchen.
Ursache: Was veranlasst diesen Krampf? Der Magenpförtner ist ein Ringmuskel zwischen Magen und Darm, der dafür sorgt, dass die Nahrung erst dann aus dem Magen in den Zwölffingerdarm gelangt, wenn dieser für die Aufnahme bereit ist. Ist dieser Ringmuskel zu kräftig, kann es zu einem lebensbedrohenden Magenpförtnerkrampf kommen.
Behandlung: Fast immer ist eine kleine Operation nötig. Dabei wird der verdickte Muskel auf eine normale Stärke reduziert.

Nicht nur mit den Händen, sondern auch mit ihrer Stimme können Eltern ihr Baby streicheln, ihm Mut machen.

Mit der Stimme streicheln – Geschichten erzählen, Reime aufsagen

Gedämpftes Licht, große warme Hände, die streicheln und liebkosen, und eine leise flüsternde Stimme. Wenn das Baby krank ist, spricht die Mutter besonders zärtlich mit ihm. Beim Waschen und Wickeln, beim Stillen oder Füttern – immer wieder tröstet sie, macht sie Mut.

Jedes Baby sehnt sich nach der ungeteilten Aufmerksamkeit von Mutter und Vater – ein krankes Kind wünscht sie sich besonders. Es ist einfach tröstlich, die vertraute Stimme der Eltern zu hören, in Worte eingehüllt, mit Sprache zugedeckt zu werden. Diese weichen, warmen und vertrauten Klänge sind Balsam für eine durch das Kranksein strapazierte Babyseele. Sie lullen das Kind wohlig ein, geben Halt, können der Unsicherheit entgegenwirken, die ein Baby bei Krankheit befällt.

Wichtig ist, dass die Erwachsenen ganz bei der Sache sind, während sie reden. Schweifen sie gedanklich ab, spürt ihr Kind die Halbherzigkeit sofort. Damit erlischt auch sein Interesse an dem »Gespräch«.

Eltern wissen intuitiv, wie sie mit einem kleinen Baby sprechen müssen, damit das, was sie ausdrücken wollen, auch bei ihm ankommt. Automatisch erhöhen sie ihre Stimme beim Sprechen, reden langsam, wiederholen viele Wörter und Sätze, betonen übertrieben. Sie spielen Theater beim Sprechen mit auffälligem Mienenspiel und sehr gedehnter Sprechweise.

Nicht nur die Eltern säuseln mit dem Neuling in den höchsten Tönen, auch Großeltern, Geschwister und überhaupt alle Vertrauten sprechen instinktiv in einem weichen, melodischen Singsang – Schalmeienklänge in den Ohren eines Säuglings. Dieser spezielle Sprechgesang kommt gut bei dem Winzling an, wirkt tröstlich auf ihn. Kleine Babys lassen sich gerne in einer hohen Tonlage ansprechen und genießen langsame, weiche, wohlige Töne, aber nur, wenn sie »echt« sind. Kommen sie aus dem Radio oder vom Kassettenrekorder, sind sie nicht von Interesse. Nur wenn Sprache mit Ansprache, mit Blickkontakt und Zuwendung verbunden ist, »antwortet« ein Baby, indem es aufgeregt strampelt. Wie können Eltern die Aufmerksamkeit ihres Babys fesseln und es so vom Kranksein ablenken?

Unterhaltung für kleine Babys

- Mit Lautmalereien. Wer sich wohlklingende Fantasiewörter mit vielen Vokalen ausdenkt, macht Eindruck bei einem kleinen Baby. Mit »Simsalabimsaladusalabim« kann man es erfreuen oder mit »Fiedelfiedeldänzchen«.

- Mit verstellter Stimme sprechen. Mit der Stimme spielen, sie verstellen und so die Aufmerksamkeit des Babys erregen.
- Mit dem Sprachrhythmus spielen. Kinderverse aufsagen. Mal schnell, mal extrem langsam sprechen und das Baby so zum Staunen bringen.
- Mit Wiederholungen verblüffen. Etwas ältere Babys gurren und gackeln gerne vor sich hin und lauschen fasziniert ihrer eigenen Stimme. Wunderbar, wenn Mama oder Papa zurückgurren und das Baby nachahmen: ein Spaß, der andere Ärgernisse vergessen lässt.

Unterhaltung für ältere Babys

- Geschichten erzählen. Natürlich versteht ein Baby die Geschichten noch nicht, die Sie ihm beim Wickeln erzählen. Aber es berauscht sich an Ihrer vertrauten Stimme, an dem Klang der Wörter und übt sich darin, ganz konzentriert zuzuhören.
- Bilderbücher anschauen. Ein Hahn – eine Blume – ein Haus. Schon Babys freuen sich an Bilderbüchern und reagieren begeistert auf das, was darin zu sehen ist.
- Kinderreime. Einfache Spielverse und Reime faszinieren Babys. Hochinteressant, was die Großen zu erzählen haben. Je häufiger die Spiele und Reime wiederholt werden, desto größer ist das Vergnügen. Babys erkennen wieder, was ihnen vertraut ist – eine Freude, die sie genießen.

Jakob

Jakob hat kein Brot im Haus.
Jakob macht sich nichts daraus.
Jakob hin, Jakob her.
Jakob ist ein Zottelbär.
Das Baby an den Händen halten, wenn es rücklings auf dem Wickeltisch liegt. Seine Hände und Arme bei der entsprechenden Zeile hin- und herschwenken.

Neben Husten und Schnupfen sorgt Durchfall mit am häufigsten dafür, dass Eltern mit ihrem Baby oder Kleinkind den Kinderarzt aufsuchen. Die Hälfte aller Kinder leidet in den ersten beiden Lebensjahren mindestens einmal an Durchfall.

Schon wieder Durchfall?

Dauernd ist die Windel voll. Ist das noch harmlos oder bereits gefährlich? Schon Durchfall oder nur ein kleines Verdauungsproblem? Abwarten oder besser gleich zum Arzt gehen? Oft ist es gar nicht so einfach für Eltern, sich angemessen zu verhalten.

Durchfall: keine harmlose Sache

Anzeichen: Bei einer Durchfallerkrankung ist das Baby vielleicht unruhiger als normalerweise, zeigt kaum Appetit. Die Bezeichnung kleiner »Schieter« bewahrheitet sich: Die Windel ist dauernd voll. Das Braune in der Windel wird dünnflüssiger, oft schleimiger, ist in Mengen vorhanden. Konsistenz, Farbe und Geruch verändern sich. Der Bauch ist gebläht und gluckert. Viele wässrig dünne Stühle werden ausgeschieden.

Ursachen: Durchfall ist ein Hinweis auf eine Überforderung des Verdauungsapparates: Der Organismus entlastet sich. Eine Durchfallerkrankung kann ganz unterschiedliche Gründe haben. Die häufigsten:

Falsche oder falsch zubereitete Speisen. Leidet ihr Kind unter Durchfall, sehen die meisten Eltern die Ursache in der Ernährung. Tatsächlich kann Durchfall die Folge sein, wenn ein Baby Nahrung zu sich nimmt, die sein empfindlicher Magen-Darm-Trakt nicht verträgt. Wird der Magen mit der verabreichten Kost noch nicht fertig, gelangt die Nahrung unverdaut in den Darm, wird dort durch Bakterien abgebaut, beginnt zu gären und zu faulen. Der Organismus reagiert mit Durchfall. Weil der Stuhl sauer ist, wird der Po leicht wund.

Umstellung der Nahrung. Manche Babys reagieren hochempfindlich auf die Umstellung ihrer Nahrung – zum Beispiel von Muttermilch auf Breikost oder von Obstgläschen auf das erste Kartöffelchen. Die Einführung dieser neuen Kost kann Durchfall verursachen.

Fruchtsäfte. Manchmal lösen größere Mengen Apfelsaft und Birnensaft Durchfälle aus; sie enthalten nämlich viel Fruchtzucker, der von manchem Kind nicht gut verdaut wird.

Magen-Darm-Verstimmung. Hauptursache sind Infektionen durch Viren, aber auch Bakterien oder Pilze können die Funktion des Darmes stören.

Warum ist Durchfall so gefährlich?

Durchfall ist eine schwere Erkrankung, die ein Baby erheblich belastet. Deshalb bitte gleich mit dem Kind zum Arzt gehen und nicht selbst herumdoktern. Die besonderen Probleme:

Verlust an Flüssigkeit, vor allem wenn Erbrechen dazukommt. Ein Baby trocknet schnell aus. Das bringt das Kind in Gefahr. Es verliert an Gewicht und wirkt schlaffer, matter. Die Fontanelle ist eingesunken, die Augen liegen in tiefen Höhlen. Der Mund ist trocken.
Verlust an Mineralien. Mit dem wässrigen Stuhl verliert der Körper wichtige Elektrolyte.
Schädigung der Schleimhäute. Die empfindliche Darmflora leidet unter Durchfällen und braucht Zeit, sich zu erholen.
Behandlung: Der Kinderarzt sorgt für einen schnellen Ersatz von Wasser und Mineralien. Dafür gibt es in der Apotheke verschiedene Fertigmischungen. Wichtig ist, dass sich die Darmschleimhaut bald erholt, Flüssigkeit und Nahrung wieder aufnehmen kann. Das heißt meistens:
Brustbabys weiter nach Bedarf stillen, zusätzlich Elektrolytlösung geben, die der Arzt verordnet hat. In den Stillpausen vorsichtig einflößen.
Flaschenkinder erst ausschließlich dünnen Tee trinken lassen, dann mit verdünnter Flaschennahrung exakt nach Anweisung des Arztes füttern. Die Nahrung langsam, innerhalb weniger Tage, wieder normalisieren. Dazu die Elektrolytlösung genau nach Vorschrift verabreichen. Auch ältere Babys sollten in der Regel möglichst bald wieder ihre gewohnte Nahrung zu sich nehmen. Wann und wie, das muss der Kinderarzt entscheiden.
Bei einer schweren Durchfallerkrankung wird die Ernährung langsamer und Schritt für Schritt wieder normalisiert – immer unter Aufsicht des Arztes, der manchmal auch Heilnahrung verordnet.

Es kann auch eine Unverträglichkeit, eine Allergie, eine Stoffwechselkrankheit, ein Immundefekt oder eine Fehlbildung des Verdauungstrakts Grund für Durchfälle sein.

Was tun?

- Viel zu trinken anbieten, pro Stunde mindestens 8 bis 10 Milliliter pro Kilogramm Körpergewicht. Tee allein reicht nicht aus, weil er keine Salze enthält. Sprechen Sie mit dem Kinderarzt ab, welches Getränk jetzt am besten zusätzlich geeignet ist. Meistens wird ein Glukose-Elektrolyt-Gemisch aus der Apotheke empfohlen.

- Apfel und Banane. Bekommt Ihr Baby schon Breikost, bieten Sie ihm geriebenen Apfel und Banane an – aber sicherheitshalber nur nach Absprache mit dem Arzt. Manche Mütter schwören auf Reisschleim (aus dem Reformhaus) und auf weich gedämpfte Möhren. Die Speisen leicht salzen, keinesfalls zuckern.

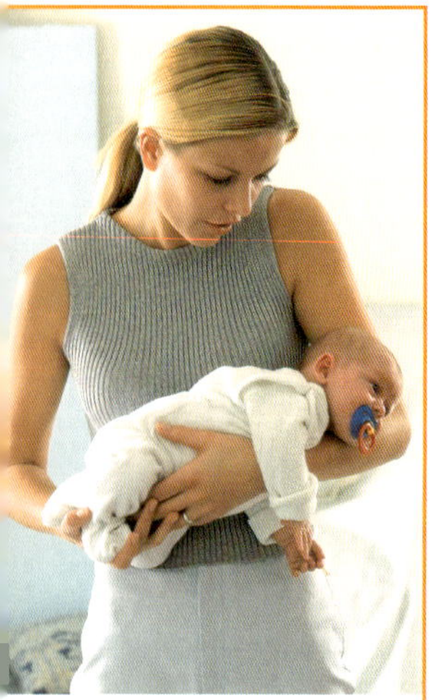

Wiegen und schaukeln, das Baby sanft einlullen

Wer mit einer Schaukel abhebt, hebt auch seine Stimmung. Vor und zurück und noch einmal vor und zurück – immer wieder und noch einmal, eine Bewegung, die Menschen gut tut: den kleinen und den großen. Wissenschaftler haben die Teilnehmer einer Untersuchung aufgefordert, regelmäßig im Schaukelstuhl zu sitzen und zu schaukeln. Das Ergebnis ihrer Studie: Wer lange geschaukelt hat, fühlte sich hinterher ausgeglichener, sorgloser als die Nichtschaukler. Die Forscher glauben sogar, dass sich die subjektive Schmerzempfindlichkeit durch regelmäßiges Schaukeln verringern lässt.

Die Seele baumeln lassen

Den Babys ist das nichts Neues. Sie waren schon immer begeisterte Schaukler. Die brauchbarsten Partner dabei sind die Eltern. Nichts ist faszinierender für ein kleines Kind als in Mutters oder Vaters Armen zu liegen und sanft hin- und hergeschaukelt zu werden. Babys sind richtig verrückt aufs Wiegen und Schaukeln ...

- ... weil es beruhigt. Deshalb die Wiegen für Neugeborene. Heute weiß man um die Wirkung. Forscher vermuten, dass die Schaukelbewegung das für den Gleichgewichtssinn zuständige Vestibularsystem im Innenohr stimuliert und so lustvoll und beruhigend zugleich wirkt. Die Schaukelbewegung hilft dem Baby, mit sich ins Gleichgewicht zu kommen.
  Bereits ein Ungeborenes lässt sich gerne im Bauch seiner Mama durch die Gegend schaukeln und kann das genießen, denn das Gleichgewichtsorgan bildet sich schon in der 20. Schwangerschaftswoche heraus.
  Später verschaffen sich manche Kinder dieses Lustgefühl selber, indem sie mit ihrem Oberkörper hin- und herschaukeln. Machen sie es dauernd und intensiv, ist das ein traurige Befriedigung – ein Hinweis darauf, dass sie sich einsam und verlassen fühlen.
- ... weil es entspannt. Das Hin und Her hat eine wohltuende Wirkung auf den Körper und lockert die verspannten Muskeln.
- ... weil es Spaß macht. Nichts ist schöner als auf Opas Knien geschaukelt zu werden und ihm dabei ins Gesicht zu lachen. Das macht einem Baby selbst dann Freude, wenn es nicht ganz so gut drauf ist.

Hin und her – das Wiegen und Schaukeln hilft einem Baby, sein inneres Gleichgewicht wieder zu finden.

Das Leben im Schwebezustand genießen

Mit dem Baby im Arm auf und ab wandern und es dabei hin- und herwiegen – eine altbewährte Methode, das Kind zur Ruhe zu bringen. Wie können Eltern die wohltuende Wirkung noch steigern, wie ihr Baby noch wiegen und schaukeln? Welche Möglichkeiten bieten sich an?

- Schaukel auf dem Spielplatz. Nehmen Sie mit dem Baby auf dem Schoß auf einer Schaukel Platz, schwingen Sie sachte hin und her und lassen Sie sich von dem Gleichmaß der Bewegung einlullen.
- Hängematte. Das Baby ab und zu in einer Hängematte unterbringen. Auch passionierte Nichtschläfer kommen darin zur Ruhe. Wenn das Baby wach ist, befreien Sie es bald wieder, denn ein kleines Kind will nicht nur schaukeln, sondern sich auch viel bewegen.
- Autositz. Kaum sind sie im Auto, schlafen viele kleine Kinder sofort ein, weil das sanfte Schuckeln eine tief beruhigende Wirkung auf sie ausübt.
- Papas Knie. Im Sessel sitzend, das Baby auf die Knie legen, an den Händen festhalten, das Köpfchen auf ein Kissen legen, dann vorsichtig die Beine auf und nieder, von rechts nach links, von links nach rechts bewegen. Immer ein und denselben Wiegerhythmus beibehalten.
- Mamas Knie. Hoppe-hoppe-Reiter-Spiele sind Klassiker unter den Babyspielen: höchstes Vergnügen für jeden Dreikäsehoch.
- Schaukelstuhl. Urgemütlich zusammen mit einem Großen in einem Schaukelstuhl zu sitzen, zu schmusen und dabei langsam hin- und herzuwippen.
- Wiege aus Stoff. Das Baby liegt mitten auf einem großen Tuch, dann nimmt Mutter zwei Tuchzipfel in die Hände, Vater die beiden übrigen. Das Baby wird in der »Hängematte« ein Weilchen hin- und hergeschaukelt.
- Schaukelwanne. Das Baby sitzt in einer Plastikwanne, die von seinen Eltern gehalten und sachte hin- und hergeschwungen wird.

Auch bei der Verdauung, in der Windel zeigt sich, dass jedes Kind seinen eigenen Rhythmus hat.

Verstopfung: viel trinken

Eine der wichtigsten Sorgen junger Eltern: Klappt die Verdauung? Ist das ein Thema, wenn in der Windel des Babys häufiger nichts zu finden ist? Immer wieder kommen Mütter mit Babys zum Kinderarzt, die ganz munter sind, die an Gewicht zunehmen, aber fünf-, sechsmal pro Tag breiige, dünnflüssige Stühle haben oder längere Zeit gar nichts. Auch bei kleinen Kindern ist der Stuhlgang nicht regelmäßig. Bei den einen ist die Windel dauernd voll, bei den anderen nur alle paar Tage. Bei Stillbabys sind sogar zehn Stuhlgänge pro Tag oder eine einzige Entleerung in der Woche kein Grund, sich Gedanken zu machen. Die Unterschiede sind enorm, denn nicht nur die Großen, sondern auch die Kleinen sind Individualisten, was sich auch beim Stuhlgang zeigt.

Wann ist von Verstopfung die Rede?

- Bei Stillkindern kommt es gar nicht so selten vor, dass sie vom zweiten Lebensmonat an bei guter Gesundheit und gutem Gedeihen nur alle paar Tage einen weichen Stuhlgang haben. Verstopfung kennen gestillte Kinder übrigens nicht. Ihr Stuhl ist weich und breiig.

- Flaschenkinder leiden schon häufiger unter hartem Stuhl und Verstopfung, vor allem bei trockener Heizungsluft und bei Mangel an Flüssigkeit.

Anzeichen: Als Verstopfung werden harte Stuhlbrocken bezeichnet. Die Entleerung muss keine Schmerzen bereiten. Manchmal muss sich ein Baby aber auch sehr quälen, bis die harten Brocken in der Windel sind. Kleine Risse in der Schleimhaut um den Darmausgang können die Schmerzen noch zusätzlich verstärken. Dadurch kann Blut im Stuhl sein.
Ursache: Meist falsche Ernährung. Zu wenig Flüssigkeit, manchmal verbunden mit der Einführung von fester Kost.
Behandlung: Hat ein Baby von Anfang an größere oder andauernde Schwierigkeiten beim Stuhlgang, leidet es häufig unter Verstopfung und einem aufgetriebenen Bauch, dann unbedingt mit dem Arzt darüber sprechen. Sanfte Medikamente oder homöopathische Mittel helfen weiter, ebenso bewährte Hausmittel.

Was tun?

- Häufig lüften. Im Kinderzimmer für frische Luft sorgen. Die Heizung nicht zu hoch drehen. (Empfohlene Zimmertemperatur: 20 °C)

- Viel zu trinken anbieten. Dem Baby mehr Wasser oder Tee zu trinken geben – so viel zusätzliche Flüssigkeit, dass der Stuhl einerseits salbiger wird, das Kind anderseits aber nicht zu häufig in der nassen Windel liegt (siehe Seite 144).
  Manche Ärzte empfehlen, die Säuglingsnahrung mit 10 bis 20 Prozent mehr Wasser anzusetzen, als auf der Packung vorgegeben ist.

- Nahrung wechseln? Überlegen Sie gemeinsam mit dem Kinderarzt, ob dem Kind eine andere Säuglingsnahrung besser bekommen könnte. Setzen Sie der Nahrung eventuell Milchzucker zu.

- Obstbrei. Wenn das Baby bereits Beikost zu sich nimmt, eventuell einen Brei aus pürierter Trockenpflaume, Birne oder Apfel mit ein wenig Milchzucker anbieten. Naturjoghurt oder geriebenen Vollkornzwieback einrühren.

- Vaseline benutzen. Den Darmausgang dick eincremen.

Schluckauf – was hilft?

Plötzlich ein Hicks – das Baby hat Schluckauf. Keine Seltenheit bei kleinen Kindern, er kann sogar mehrmals am Tag vorkommen. Meist dauert ein Schluckauf etwa zehn Minuten. Er scheint keine besonderen Beschwerden zu machen und ist auch nicht gefährlich. Ein kleines Kind lässt sich jedenfalls durch einen Schluckauf nur selten beim Spielen oder Schlafen stören.
Ausgelöst wird ein Schluckauf durch eine Reizung des Zwerchfells – des Muskels zwischen Brustraum und Bauchhöhle, der die Lungentätigkeit steuert, indem er sich rhythmisch dehnt und wieder zusammenzieht. Werden die Muskelnerven gereizt, gerät der Rhythmus aus dem Tritt. Die Folge: ein Krampf, der das Hicksen auslöst. Bei Babys gerät das Zwerchfell leicht aus dem Takt, zum Beispiel durch Erschrecken, durch kalte Zugluft, durch den Druck eines vollen Magens, durch ein besonders intensives Bäuerchen.

Was tun?

- Auf den Rücken klopfen oder den Rücken sanft reiben.

- Warmen Tee anbieten. Es müssen nur ein paar Schlückchen sein.

- Wärmen. Das Baby auf eine nicht zu heiße Wärmflasche legen.

Die meisten Babys tanzen gerne mit, wenn Mama und Papa in Schwung kommen. Wenn ihnen jedoch richtig mies zumute ist, hält sich das Vergnügen schnell in Grenzen.

Tanzen – Körper und Seele in Schwung bringen

Eine Therapie für triste Regentage, als Mittel gegen grimmige Launen und kleine Wehwehchen geeignet: Musik aus dem Radio ertönen lassen. Schwirren Sie mit Ihrem Kind auf dem Arm durch die Wohnung, wiegen Sie sich im Rhythmus der Musik, tanzen Sie fröhlich durch die Räume – und dabei halten Sie das Baby fest im Arm und lassen es mitschwingen.
Wegen eines kleinen oder größeren Wehwehchens gerade noch unleidlich, vergisst ein Baby in diesem Moment vielleicht seine miese Stimmung, beobachtet stattdessen mit großen Augen das fröhliche Gesicht seiner Mutter und lässt sich von ihrer guten Laune anstecken. Obwohl es noch gar nicht richtig aktiv werden, echt mittanzen kann, sondern auf dem Arm seiner Mutter nur leise mitschwingt, reagiert ein kleines Kind auf das Tanzen mit Freude und Zufriedenheit, dreht sich begeistert mit im Kreis, nimmt dabei sich selbst und sein Umfeld intensiv wahr und lässt sich stimulieren. Die angenehmen Klänge, die unterschiedlichen Rhythmen, die immer neuen Bewegungsmuster bringen es zum Staunen, faszinieren den kleinen Menschen. Er lässt sich von der Lebensfreude, der Bewegungslust seiner Mutter oder seines Vaters anstecken und will mehr von dem Vergnügen haben. Viele Babys blühen bei diesem Treiben richtig auf, denn das fröhliche Wechselspiel – »Ich schau dich an, du schaust mich an, und wir wiegen uns dazu im Takt der Musik!« – wirkt sich positiv auf die Gefühle aller Beteiligten aus.

Verspannungen abbauen, entlasten und befreien

Die Erfahrung, mit Mama oder Papa beim Tanzen vollkommen im Einklang zu sein, sich im Gleichtakt zu bewegen, kann einen Schub bewirken: Das Baby gesundet sichtlich, fühlt sich nach wenigen Momenten schon besser. (Aber nur bei kleineren Zipperlein. Einem wirklich kranken Kind ist nicht nach Tanzen zumute. Auch nicht jedes Baby ist ein begeisterter Tänzer!)
Beim Tanzen werden Spannungen abreagiert, wird Dampf abgelassen und Frust einfach weggewirbelt. Tanzen heißt auch: die eigenen Gefühle ausleben. Welche Empfindungen ihr Kind beim Tanzen erlebt, kann jede Mutter, jeder Vater am Gesicht des Babys ablesen: Zuerst zeigt sich meist ein bisschen Unsicherheit, dann großes Staunen, das häufig in Begeisterung übergeht. Aus Anspannung wird Entspannung.

Und wie können Babys tanzen?

- Die Mutter dreht sich nach der Musik im Kreise und nimmt ihr Baby, das sie im Arm hält, mit auf die Reise.

- Eine Dreierrunde: Vater und Mutter tanzen mit dem Baby im Arm.

Wird aus der Begeisterung und entspannten Hingabe schließlich Überdruss, sollte der Tanz sofort ein Ende haben, denn wer seinem Kind helfen möchte, muss seine Wünsche respektieren.
Übrigens: Sobald ein Kind sicher auf seinen Beinchen steht und läuft, kann es auch tanzen. Viele Kinder sind mit Vergnügen dabei:

- Sie drehen sich nach Musik im Kreis wie Clowns oder Balletttänzerinnen.
- Sie verwandeln sich beim Tanzen in wuselige Mäuse, elegante Katzen, tapsige Bären oder zarte Schmetterlinge.

Vertrauen: Medizin gegen die Angst

Wenn ich weine, kommt die Mama und tröstet mich. Wenn ich hungrig bin, stillt sie mich. Wenn ich Lust auf Unterhaltung habe, schäkert sie mit mir. Macht ein Baby in seinem ersten Lebensjahr die Erfahrung, dass es geliebt wird, dass Verlass auf Eltern und Geschwister ist, dann kann ein Kind Vertrauen zu sich selbst und zu anderen fassen.
Das Gefühl, nicht allein gelassen, sondern gut versorgt zu werden, befähigt den kleinen Menschen später, auch Trennungen auszuhalten. Deshalb ist es für eine gesunde Entwicklung so wichtig, dass Mama und Papa oder eine andere treue Bezugsperson auf die Bedürfnisse des Kindes eingehen – besonders wichtig in Stresszeiten wie Krankheit, wenn ein Baby leicht die Orientierung verliert, nicht einordnen kann, was ihm geschieht, und deshalb kreuzunglücklich ist.
In Stresszeiten braucht ein Kind ein Polster aus Selbstsicherheit – ein Reservoir, von dem es zehren kann. Diese Sicherheit entsteht, wenn es von Anfang an Vertrauen in sich selbst und in die Welt entwickeln konnte, wenn es sich zu Hause immer gut aufgehoben wie in Abrahams Schoß fühlen durfte und sich auf liebevolle Eltern verlassen konnte, die zuverlässig für Schutz und Beistand sorgen. Vertrauen kann einem kranken Baby nicht sein Unglück nehmen, aber es kann die unguten Empfindungen vielleicht ein wenig dämpfen.

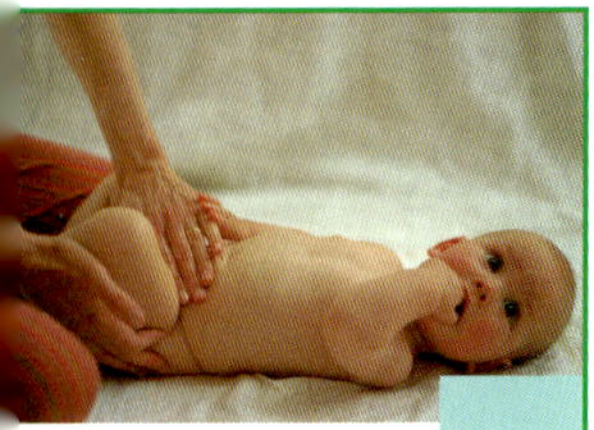

Blinddarmentzündung und Leistenbruch

Eltern scheuen Bauchweh bei einem Baby oder Kleinkind, weil diese Schmerzen diffus sind, weil Unterschiedliches, auch Beängstigendes dahinter stecken kann.

Wenn der Blinddarm entzündet ist

Am meisten fürchten sie eine Blinddarmentzündung (Appendizitis), und das mit Recht, denn sie kann gefährlich werden.

Anzeichen: Das Vertrackte an dieser Entzündung: Sie kannn sich auf unterschiedliche Weise zeigen. Deshalb ist es angezeigt, gleich zum Arzt zu gehen, wenn das Kind unter starken Bauchschmerzen leidet und diese Schmerzen länger als zwei Stunden gleichmäßig anhalten. Es ist wichtig, eine Blinddarmentzündung möglichst frühzeitig zu erkennen, denn sonst besteht die Gefahr, dass der Blinddarm durchbricht, dass Eiter in die Bauchhöhle gelangt und eine Bauchfellentzündung verursacht. Was weist auf eine Blindarmentzündung hin? Schmerzen, die...

Ein wichtiger Hinweis, der bei einem älteren Kind auf eine Blinddarmentzündung hinweisen kann: Es mag nicht auf einem Bein hüpfen.

- ... meist zuerst im Oberbauch sitzen (schmerzhafte Spannung der Bauchdecke).
- ... auf leichten Druck noch intensiver werden (beim Loslassen).
- ... langsam anschwellen, vielleicht sogar verschwinden, aber wiederkehren und dann im rechten Unterbauch zu lokalisieren sind.
- ... im Liegen besonders unangenehm sind.

Auch Erbrechen, Durchfall, Verstopfung, leicht erhöhte Temperatur oder Fieber können dazukommen. Deshalb denken Eltern zuerst oft an einen Magen-Darm-Infekt. Wie gesagt: Eine Blinddarmentzündung kann sich aber auch auf andere Weise zeigen. Die ersten Krankheitszeichen sind gerade bei Säuglingen und Kleinkindern schwer erkennbar. Oft dauert es eine Zeit, bis aus diffusen Bauchschmerzen eine Blinddarmentzündung wird.

Ursache: Diese Entzündung wird durch Bakterien verursacht, sie ist bei Jungen häufiger als bei Mädchen. Meist erkranken ältere Kinder daran, gelegentlich auch schon Säuglinge.

Behandlung: Bestätigt sich beim Arzt der Verdacht, muss das Kind möglichst bald operiert werden. Eine Blinddarmoperation gilt heute als Routineeingriff, der offen oder über eine Bauchspiegelung durchgeführt wird.

Was tun?

- Keine Wärmflasche machen, denn Wärme heizt die Entzündung an!
- Das Kind nüchtern halten.

Leistenbruch: meistens nicht dramatisch

Die Bauchwand hat in der Leistengegend eine oft schon angeborene vorgegebene Lücke zwischen den Muskeln – eine Lücke ohne größere Bedeutung.
Ursache: Zu einem Leistenbruch kommt es, wenn Gewebeteile aus der Bauchhöhle, zum Beispiel Darmteile oder Eierstöcke, durch eine Lücke nach außen unter die Haut treten und einklemmen. Aus anatomischen Gründen kommt ein Leistenbruch bei Jungen wesentlich häufiger vor als bei Mädchen, vor allem in den ersten Lebensmonaten.
Behandlung: Bei Verdacht auf einen Leistenbruch sollten Eltern mit ihrem Baby zum Kinderarzt gehen, um eine eindeutige Diagnose zu bekommen und mit ihm das weitere Vorgehen abzuklären. Weil sich ein Leistenbruch nicht von alleine gibt, muss operiert werden. Die Operation kann ambulant durchgeführt werden und hat Zeit, solange sich keine Komplikationen ergeben.

Wie ist ein Leistenbruch zu erkennen?

Anzeichen: In der Leistenbeuge ist eine Wölbung zu fühlen und zu sehen, entweder einseitig oder beidseitig. Wenn einseitig, dann häufiger rechts.
Normalerweise verursacht ein Leistenbruch weder große Schmerzen noch andere Unbill. Die Operation kann also in Ruhe geplant werden.
Im Ausnahmefall kann ein Leistenbruch auch große Schmerzen bereiten, denn wenn das Baby kräftig schreit, heftig niest oder hustet, können Teile seiner Eingeweide, zum Beispiel Teile des Darmes, in die Leistenlücke gepresst werden und einklemmen. Die weiche Wölbung ist dann deutlich zu sehen – Folge bei einem eingeklemmten Bruch: starke Leibschmerzen, eventuell Kreislaufbeschwerden, häufig Erbrechen. Meist erhöht sich der Druck auf die Bauchdecke noch, weil das Baby daraufhin erst recht schreit.

Bei einem eingeklemmten Bruch droht Gefahr, vor allem wenn der Bruchinhalt nicht mehr in die Bauchhöhle zurückgedrückt werden kann. Sind bei einem Bruch Eingeweide eingeklemmt, ist die Zufuhr des Blutes unterbrochen. Die abgeschnürten Darmteile sterben ab, wenn der Bruch nicht schnell beseitigt wird. Deshalb ist in diesem Fall eine Notoperation notwendig.

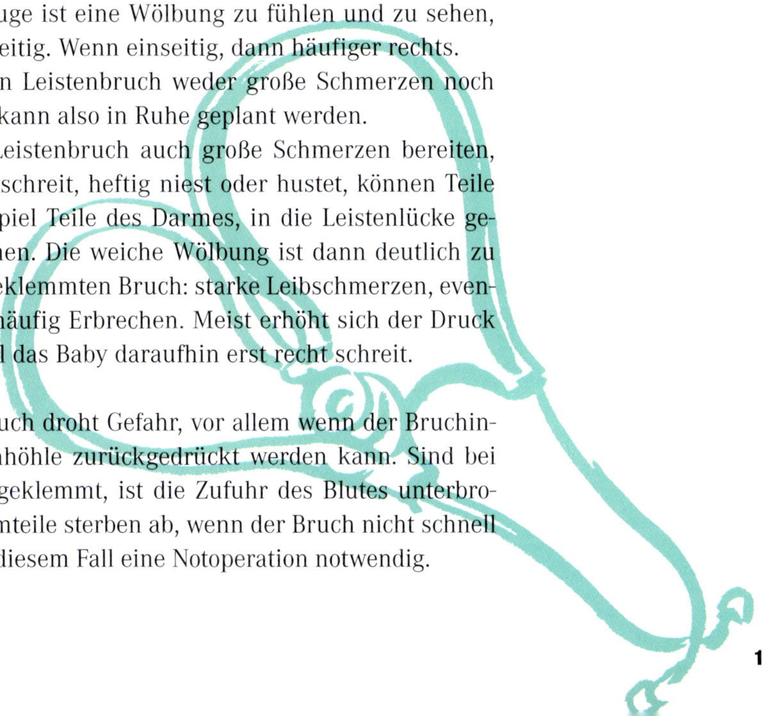

Freundliche, helle Farben und angenehmes Licht wirken sich positiv auf das Befinden eines Kindes aus.

Ein freundliches Zimmer wirkt Wunder

Forscher haben erkannt, wie positiv, stresslindernd und gesundheitsfördernd eine gute Umgebung auf die Psyche wirkt. Sie hilft heilen. Was trägt im Kinderzimmer zum Wohlbehagen seines kleinen Bewohners bei?

- Farbenspiel. Nach Meinung von Farbberatern beeinflussen die Farben im Zimmer bereits das Baby. Sie wirken sich auf seine Stimmung aus. Schon kleine Kinder reagieren darauf:
  Die dunkelbraunen Möbel und die schweren dunkelroten Vorhänge in Nachbars Wohnzimmer heitern keinen auf. Nachvollziehbar, dass ein Baby in dieser Gruft bald unruhig wird, wegstrebt und anfängt zu quengeln, um seinem Wunsch Nachdruck zu verleihen.
  Die weiße Einrichtung, die weißen Kittel in der Praxis eines Arztes schaffen nicht unbedingt das (Farb-)Klima, das einem Baby Vertrauen einflößt. Weil sie das wissen, sind die niedergelassenen Kinderärzte inzwischen von einem klaren Weiß abgekommen und statten ihre Praxis längst mit freundlichen Farben aus.

In welcher Umgebung fühlt sich ein Baby wohl?

Ein Baby kann seine Vorlieben und Abneigungen noch nicht beschreiben, tut seine Meinung aber trotzdem recht deutlich kund.
Ein kleines Kind fühlt sich in der Natur wohl. Feld, Wald und Wiese sind nach seinem Geschmack. Kein Wunder, dass es ihm gut tut, wenn zu Hause ein paar Anklänge an den Garten oder Wald zu finden sind:

- frische Blumen: angenehm für die Sinne, denn sie sorgen für bunte Farben und angenehmen Duft,
- Pflanzen verschiedener Größe und Form, die lebendiges Grün ins Zimmer bringen,
- Farben, die an die Natur draußen erinnern. Schön, wenn der Boden im Kinderzimmer auch farblich einer großen Spielwiese gleicht, die hellblaue Zimmerdecke an den Himmel erinnert.

Ein Baby fühlt sich in der Sonne wohl. Eine warme Farbigkeit beeinflusst seine Seelenlage positiv. Es mag in Sonne baden, auf einer hellen, gelben Decke liegen. (In der »richtigen« Sonne sollte ein Baby nicht baden.) Die Farbe macht gute Laune wie andere warme Farbtöne auch: Apricot oder

Ocker. Heiteres Gelb und knackiges Orange regen matte Kinder an. Sie können ein paar knallige Töne gut gebrauchen, einige kräftige Akzente, um wieder in Schwung zu kommen.
Ein Baby fühlt sich in Höhlen wohl. Stoffe in hellen Pastelltönen sorgen für ein Gefühl der Geborgenheit. Es mag

- Schutz unter weichen Stoffbahnen suchen, unter einem Betthimmel aus durchsichtigem Stoff träumen. Gut, wenn noch ein Schimmer von Licht durchdringt.
- in einer Kuschelecke ausweichen, mit bunten Kissen spielen (wenn Mutter oder Vater zum Aufpassen dabei sind).

Grelles Licht ist nichts für empfindliche Babyaugen: Es blendet.

Warum gutes Licht so wichtig ist

Ein lichtdurchflutetes Zimmer gibt einem Kind neue Energie, mobilisiert seine Kräfte – besonders dann, wenn die Sonne ins Zimmer scheint. Stellen Sie das Babybett deshalb morgens ins Helle, aber nicht in grelles Licht und auch nicht direkt in die Sonne (siehe Seite 154).
Abends dagegen, wenn das Kind langsam zur Ruhe kommen soll, sorgen Sie für gedämpftes Licht. Weil sich ein Baby nachts allein im Kinderzimmer schnell verlassen fühlt und Angst vor Dunkelheit entwickelt, lassen Sie ein kleines Licht brennen.

Mitten im Getriebe

Das Geschirrklappern in der Küche, das Handygedudel, das Fernsehgetöse, das Lachen der Geschwister – alle Geräusche in der Wohnung dringen auf das Baby ein. Nach und nach lernt es, sich abzuschotten, innerlich auf Abstand zu gehen, trotzdem zu schlafen, zu spielen, zu entspannen und zur Ruhe zu kommen. Den meisten Babys fällt das normalerweise nicht schwer (manchen schon!). Sie gewöhnen sich bald an die Geräuschkulisse in der Familie und schlafen sogar tief und fest mitten in dem Trubel. Eltern und Geschwister müssen normalerweise nicht auf Zehenspitzen durch die Wohnung schleichen oder sich flüsternd verständigen, um das kleine Fröschlein nicht im Schlaf zu stören.
Ein bisschen Rücksichtnahme kann trotzdem nicht schaden, wenn das Baby krank oder einfach nicht so gut drauf ist wie normalerweise. Denn in Krisenphasen ist der Babyschlaf weniger tief. So kann es jetzt durchaus vorkommen, dass der kleine Patient hochschreckt, wenn eine Tür zuknallt, obwohl er sonst einen Bärenschlaf hat. Oder dass er unleidlich knört, wenn die großen Brüder auf dem Flur Fußball spielen oder das Radio plötzlich fürchterlich knattert. Wer verhindern will, dass das Baby schlecht gelaunt und quengelig bleibt, sollte in dieser Phase auf großen Lärm verzichten.

Magen-Darm-Infektion: Vorsicht mit Lebensmitteln

Wie viel Hygiene soll sein?

- Babyfläschchen. In der Geschirrspülmaschine reinigen oder fünf Minuten lang auskochen. Dann trocken aufbewahren. (In feuchtem Klima können sich schädliche Keime vermehren!)
- Sauger und Schnuller zwei, drei Minuten lang auskochen, mehr hält der Gummi nicht aus.
- Spielsachen: Bauklötze aus Kunststoff in einen Beutel stecken, den Beutel gut verknoten und ein paar Runden in der Waschmaschine drehen lassen. Stofftiere in eine Plastiktüte packen und 14 Stunden ins Tiefkühlfach verbannen. Holzspielzeug regelmäßig abwischen.

Die Verdauungsarbeit ist anstrengend für ein Baby. Sein Magen-Darm-Trakt ist noch nicht voll ausgereift und reagiert deshalb hochempfindlich auf Störungen.

Anzeichen: Eine Magen-Darm-Infektion kann oft ganz plötzlich auftreten: Das Kind leidet unter Übelkeit, quält sich kreuzunglücklich mit Leibschmerzen herum.

Die Erkrankung kann unterschiedliche Bilder ergeben:

- Koliken und starker Durchfall
- oder Erbrechen und Durchfall

Dazu tritt leichtes oder auch hohes Fieber auf.

Ursache kann eine Infektion sein, meist ausgelöst durch Viren oder Bakterien. Nicht selten gelangen die Krankheitserreger durch Lebensmittel in den Körper: über ungewaschenes Obst oder ungekochte Milch. Weil Eltern heute sorgfältig mit Nahrungsmitteln umgehen, sind solche Infektionen bei kleinen Kindern selten.

Behandlung: Bei einem kleinen Kind sind diese Störungen immer ernst zu nehmen, weil der Verlust von Wasser und wichtigen Salzen den Körper in kurzer Zeit austrocknen kann. Deshalb bei einem Baby nicht lange zögern, sondern möglichst rasch den Kinderarzt aufsuchen – auch, damit er andere Störungen, wie etwa Blinddarmentzündung, ausschließen kann. Er wird Medikamente verordnen, die den Brechreiz stoppen, mit den Eltern besprechen, wie der Flüssigkeitsverlust auszugleichen ist (siehe Seite 111), und eventuell Heilnahrung verschreiben.

Was tun?

- Viel zu trinken anbieten. Klären Sie mit dem Arzt ab, welche Getränke jetzt geeignet sind. Nicht nach eigenem Gusto handeln!
- Fiebersenkende Maßnahmen bei hoher Körpertemperatur ergreifen. Machen Sie einen Wadenwickel: Feuchtwarme Servietten um die Unterschenkel des Babys schlagen und mit trockenen Tüchern abdecken. Oder ziehen Sie dem Baby erst feuchtwarme Kniestrümpfe, dann Wollstrümpfe an.

Fragen zu Harnwegen und Geschlechtsorganen

und was Eltern tun können

Viele Mütter und Väter sind verunsichert: Wirklich alles in Ordnung mit Penis oder Scheide, mit der Blase? Übersehen wir vielleicht ein Problem? Viele wissen nicht, was zur normalen körperlichen Entwicklung eines kleinen Mädchens oder eines kleinen Jungen zählt und was auf eine Störung hinweisen könnte.

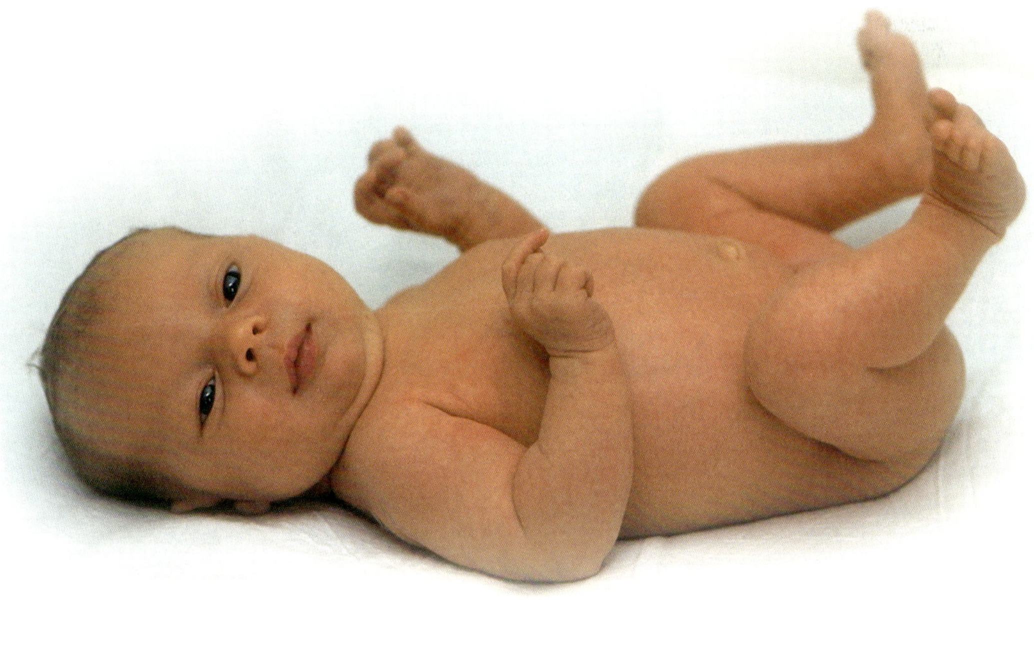

Harnwegsentzündung: ernste Infektion

Eine Harnwegsentzündung heißt: Bakterien oder Viren verursachen in Harnröhre, Blase oder Harnleiter eine Entzündung, die sich auf die Nieren ausdehnen kann. Mädchen sind häufiger betroffen als Jungen, weil Harnröhre und Darmausgang dicht nebeneinander liegen, sodass Keime aus dem Darm leicht in die Harnröhre gelangen können.

Gleich zum Arzt!

Anzeichen: Harnwegsinfekte sind nicht selten. Kleinkinder leiden bei dieser Infektion vor allem unter Appetitlosigkeit, Fieber, Erbrechen, Bauchschmerzen – zeigen also nicht unbedingt die Symptome, die Eltern vielleicht erwarten. Erst wesentlich ältere Kinder klagen über typische Anzeichen wie häufigen Harndrang oder Brennen beim Wasserlassen.

Ursache: Meist kommen die Erreger von außen: Sie wandern durch die Harnröhre in die Blase, vermehren sich in dem warmen Blasenmilieu und verursachen eine Entzündung.

Behandlung: Sofort zum Arzt, wenn das Baby sich nicht wohl fühlt, unter Fieber leidet, appetitlos ist. Er muss anhand der Urinuntersuchung eine Diagnose erstellen. Der Harn sollte möglichst unmittelbar vor der Untersuchung genommen werden. Aber wie? Einen speziellen Plastikbeutel über die Genitalien des Babys kleben, in dem der Harn aufgefangen wird (Beutel aus der Apotheke). Dem Baby vorher viel zu trinken geben.

Steht fest, dass das Kind unter einer Harnwegsinfektion leidet, wird der Arzt wahrscheinlich eine Ultraschalluntersuchung machen, um ein genaueres Bild zu gewinnen. Haben Bakterien die Entzündung verursacht, wird er ein Antibiotikum verordnen und mit Hilfe wiederholter Urinproben den Verlauf der Krankheit überprüfen. Das ist wichtig, denn aus nicht rechtzeitig erkannten Harnwegsentzündungen können sich chronische Infektionen entwickeln. Je häufiger ein Kind unter Harnwegsinfektionen leidet, je länger sie anhalten, desto größer die Gefahr, dass die Erreger in die Nieren gelangen. Jede Entzündung der Nieren schädigt das Nierengewebe, führt zu Narben und beeinträchtigt damit die Funktion dieses lebenswichtigen Organs.

Ein Baby, das unter einer Harnwegsinfektion leidet, zeigt nicht unbedingt typische Symptome – die Zeichen, die Eltern hellhörig machen.

Was tun?

- Ein warmes Tuch auf die Blase geben oder dem Kind eine Wärmflasche in den Rücken legen (Vorsicht vor Verbrühung!). Oder den Blasenbereich mit ein paar Tropfen Eukalyptusöl einreiben und mit einem Wolltuch abdecken (Vorsicht, nicht jedes Baby verträgt das!).

- Dinkelkissen auf den Unterbauch legen. Erwärmen Sie das Kissen im Ofen (5 Minuten bei 150 °C, Temperatur überprüfen) und legen Sie es auf den Unterbauch. Das Heuaroma hilft bei der Heilung.
- Für Ruhe sorgen. Das Baby nicht anstrengen.
- Viel zu trinken geben, damit die Blase durchgespült wird (siehe Seite 33).
- Wadenwickel machen, wenn das Fieber hoch ist (siehe Seite 21).
- Warm, aber nicht zu warm einmummeln (nur bei ansteigendem Fieber). Das Baby sollte warme Füße haben.

Antibiotika – bei manchen Krankheiten unentbehrlich

Blasenentzündung, Mittelohrentzündung – bei kleinen Kindern jagt ein Infekt den anderen. Häufig werden diese Erkrankungen mit einem Antibiotikum behandelt, das die Vermehrung der Keime stoppt und sie abtötet. Mit Unterstützung des Immunsystems sorgt es dafür, dass das Kind rasch wieder auf die Beine kommt.
Wird ein Antibiotikum zu oft verordnet, greift es nicht mehr sicher. Der Grund: Die Bakterien werden resistent. Hat ein Kind in den vergangenen Monaten schon einmal Penicillin bekommen, dann erhöht sich die Wahrscheinlichkeit wesentlich, dass sich die Bakterien mit diesem Mittel nicht mehr bekämpfen lassen, meinen viele Kritiker. Andere Mediziner beurteilen die Situation günstiger, glauben zum Beispiel, dass nur wenige der Bakterien, die Lungen-, Hirnhaut- und Mittelohrentzündungen auslösen können (Pneumokokken), heute resistent gegen Antibiotika sind. Zeigt das Medikament keine Wirkung, hat das ihrer Meinung nach meist andere Gründe:

- Es ist das falsche Mittel. Jeder Bakterienstamm braucht sein spezielles Antibiotikum. Der Arzt muss herausfinden, welches Mittel der Situation angemessen ist.
- Es ist fehl am Platz, weil Viren und nicht Bakterien Verursacher der Krankheit sind.
- Es ist nicht nach Vorschrift eingenommen worden. Bei fehlerhafter Einnahme schadet es mehr, als es nützt.

Weil das Medikament neben den krank machenden auch nützliche Keime schädigt, kann es die Darmflora stark beeinträchtigen. Zarte Kinder leiden dann unter Blähungen oder Durchfall. Diesen Nebenwirkungen kann der Arzt aber mit Hilfe anderer Mittel vorbeugen.
Jeder verantwortungsvolle Kinderarzt überlegt sich genau, ob er ein Antibiotikum verordnet oder nicht. Er wird es nur tun, wenn sonst bedrohliche Folgeschäden zu befürchten sind, und sicherlich nicht, wenn Eltern darauf dringen, weil sie Angst vor Komplikationen haben oder weil sie auf schnelle Gesundung ihres Babys aus sind. Selbst wenn ein Kind mit Hilfe eines Antibiotikums schnell wieder auf die Beine kommt, gesund ist es damit noch lange nicht. Eine zu schnelle Umstellung vom Kranksein auf den ganz normalen Alltag verkraftet es nie besonders gut.

Mit sanften Spielen das Baby bei Laune halten

Ein krankes Baby will bei Laune gehalten werden. Wenn Mutter oder Vater mit dem kleinen Patienten spielen, sieht die Welt gleich rosiger aus. Spiele, die nicht aufheizen, sondern beruhigen, sind jetzt das Richtige:

- Seifenblasenträume. Seifenblasen in die Luft pusten. Den bunt schillernden, glasigen Kugeln zusammen mit dem Baby nachschauen, bis alle zerplatzt sind.
- Glöckchenspiel. Dem Baby ein Band mit Glöckchen um das rechte Bein binden. Wenn es strampelt, klingelt das Glöckchen. Ein älteres Kind turnt so lange herum, bis es das Glöckchen berührt.
- Häschenball. Einen Klebepunkt auf einen Ball pappen. Auf den Punkt mit ein paar Strichen einen Hasen zeichnen. Den Ball dann quer durchs Zimmer auf das Baby zurollen. Sucht es den Hasen? Entdeckt es ihn?
- Kissenkarussell. Eine großes Kissen auf glatten Boden legen. Das Baby auf das Kissen setzen. Das Kissen im Kreise drehen.
- Luftballontanz. Einen Luftballon prall aufblasen, schnell in die Luft werfen und zuschauen, wie die Luft daraus entweicht. Oder ihn in die Luft werfen und mit einer Hand immer wieder anstupsen.
- Fingerkreisel. Einen mit bunten Papierfetzen beklebten Gardinenring über den rechten Zeigefinger legen, kreiseln und das Baby zuschauen lassen.
- Fensterblatt. Ein Blatt, am besten ein Herbstblatt, auf der Rückseite anfeuchten und dann an eine Fensterscheibe drücken. Bleibt es kleben oder verrutscht es?
- Pingpongschatz. Aus beiden Händen eine Kugel formen. In der Kugel einen Pingpongball verstecken. Wer knackt den »Tresor« und holt den Ball heraus?
- Sonnenspiel. Mit einem Taschenspiegel die Sonne einfangen. Den Sonnenfleck kreuz und quer durchs Zimmer wandern lassen und seinen Weg mit den Augen verfolgen.

Nicht jedes kranke Baby lässt sich bereitwillig mit Spielen ablenken. Manches will lieber seine Ruhe haben und zeigt das auch deutlich. Eltern sollten es nicht zu überreden versuchen, sondern seinen Willen respektieren.

- Schleifenfinger. Um jeden Finger der Hand ein buntes Band mit Schleife knüpfen. Die zehn Schleifenfinger vor dem Baby herumkaspern lassen. Kann es die Schleifen – eine nach der anderen – schon öffnen?

- Farbwunder. Das Baby in seinen Hochstuhl setzen. Ein großes Glas mit Wasser auf den Tisch stellen. Mit einem Pinsel ein wenig rote Farbe in das Glas geben und zuschauen, wie sich die rote Farbe im Glas verteilt. Später gelbe Farbe dazugeben.

- Der Riesenball. Einen Wasserball prall aufblasen. Das Baby bäuchlings auf den Ball legen, an den Füßen festhalten und sanft hin- und herrollen.

- Die Spielkette. Dicke bunte Holzperlen auf einen Nylonfaden fädeln und eine lange Kette daraus machen. Die Kette um den Hals hängen. Das Baby auf den Schoß nehmen und mit der Kette spielen lassen.

- Spiegelbild. Das Baby im Hochstuhl an einen Tisch rücken. Auf den Tisch einen Spiegel stellen und beobachten, was das Kind mit seinem Spiegelbild anfängt.

- Regenspuren. Bei Regenwetter mit dem Baby auf dem Arm aus dem Fenster schauen und eine Regentropfenspur mit dem Finger nachzeichnen, die der Regen auf der Fensterscheibe hinterlässt.

- Schattenspiele. Wenn Sonne ins Zimmer fällt, mit Schatten spielen. Mit den Schatten von Händen spielen. Das Baby auf die Schatten, die sich abzeichnen und bewegen, aufmerksam machen.

- Licht auf Wanderschaft. Im Dunkeln die Lichter zweier Taschenlampen durch das Zimmer wandern lassen. Eine Verfolgungsjagd veranstalten.

- Schaukellampe. Eine Laterne im Kinderzimmer aufhängen. Abends im Dunkeln zusammen mit dem Baby das Laternenlicht bestaunen. Die Laterne vorsichtig so anstupsen, dass sie ein wenig ins Schaukeln gerät.

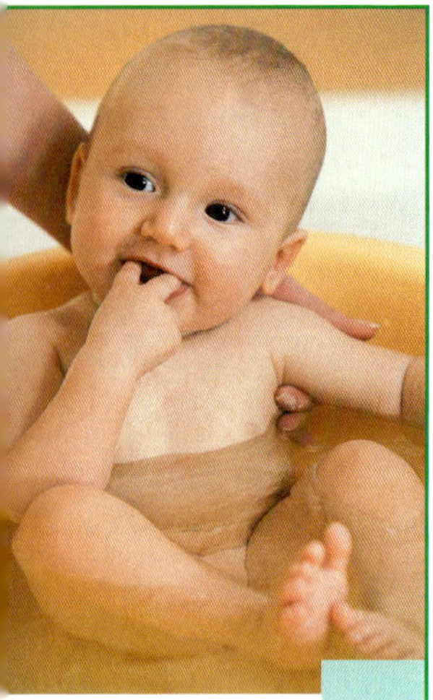

Bei der Pflege ganz wichtig: Die Vorhaut nicht zurückstreifen, den Penis nur von außen waschen.

Penis und Hoden: harmlosere Defekte

Bei einem Jungen bestehen die äußeren Geschlechtsorgane aus Penis, Hodensack und Hoden.

Der Penis: noch sehr empfindlich

Wenn sie den Penis ihres Sohnes reinigen will, sich die Vorhaut aber nicht bewegen lässt, reagiert manche Mutter verunsichert: »Ist das noch normal oder nicht? Ist die Vorhaut zu eng? Müssen wir damit zum Arzt?« Vorweg: Es ist ganz normal, dass sich die Vorhaut in den ersten Lebensjahren kaum bewegen lässt. Die Gründe:

- Die Vorhaut ist verklebt. Bei fast allen Jungen im Säuglingsalter ist die Vorhaut mit der Eichel verklebt. Diese Verklebung löst sich bis zum vierten, fünften Geburtstag ganz von selbst. Damit sind normalerweise keine Beschwerden verbunden, also kein Grund zur Sorge.

- Die Vorhaut ist verengt. Das bedeutet: Die Vorhaut lässt sich nicht über die Eichel schieben. Eine Verengung der Vorhaut (Phimose) ist selten.

Erst nach ein paar Jahren, wenn die Reifung der Genitalien abgeschlossen ist, kann der Arzt feststellen, was die Phimose verursacht hat und wie sie am besten behandelt werden sollte. Manchmal wird er dann zu einer Beschneidung raten.
Wichtig für Eltern: Bitte nie den Versuch machen, die Vorhaut mit Gewalt zurückzustreifen, denn dadurch kann eine Vorhautentzündung entstehen mit Einrissen, die später vernarben. Dieses Narbengewebe kann dann die Vorhaut verengen.

Pflege: Den Penis nur von außen waschen. Das Smegma, ein weißliches Sekret aus Hautzellen und Talg, behutsam entfernen. Es schadet aber nicht, wenn der Belag nicht entfernt wird.

Wenn die Vorhaut entzündet ist

Anzeichen: Die Vorhaut kann sich schmerzhaft entzünden, rot anschwellen, sogar bluten oder eitern. Da diese Entzündung beim Wasserlassen große Schmerzen verursacht, sollte ein Arzt zu Rate gezogen werden.
Ursache: Meistens sind Bakterien der Grund für die Entzündung.

Behandlung: Um dem Kind die Schmerzen schnell zu nehmen, wird der Kinderarzt ihm wahrscheinlich eine Salbe verschreiben, die ein Antibiotikum enthält.

Was tun?

- Ein lauwarmes Kamillenbad unterstützt die Behandlung.

Hodenhochstand: Was ist das?

Die Hoden eines kleinen Jungen sind nicht von Beginn an dort, wo sie hingehören. Beim Ungeborenen befinden sie sich erst in der Bauchhöhle, sinken dann durch den Leistenkanal in den Hodensack. Manchmal ergeben sich dabei Probleme.
Ursache: Einer oder beide Hoden wandern bis zur Geburt nicht dahin, wo sie sein sollten. Sie sind im Hodensack nicht zu tasten. Meistens gibt sich der Hodenhochstand in den ersten Lebensmonaten.
Es gibt verschiedene Formen von Hodenhochstand:
Pendelhoden: Die Hoden sind im Hodensack, wandern aber bei Kälte wieder in den Leistenkanal zurück.
Leistenhoden: Die Hoden sind im Leistenkanal stecken geblieben, aber fühlbar.
Bauchhoden: Die Hoden liegen noch weiter im Inneren.

Behandlung: Bleiben die Hoden zeitweilig oder ständig in der Bauchhöhle zurück, können sie durch Wärme und Druck geschädigt werden. Damit droht später Unfruchtbarkeit. Um Dauerschäden zu vermeiden, sollte sich der Arzt frühzeitig ein Bild machen, eventuell eine Therapie einleiten (im zweiten Lebensjahr). Zunächst wird mit Hilfe von Hormonen versucht, die oder den Hoden zum Abstieg zu bewegen. Gelingt das nicht, werden die Hoden mit Hilfe einer Operation in den Hodensack gebracht.

Wasserbruch im Hodensack

Manchmal sind einer oder auch beide Hodensäckchen bei der Geburt eines kleinen Jungen angeschwollen, mehr oder weniger prall mit Wasser gefüllt – auch wenn sich die Hoden in den Hodensäckchen befinden. Dieser so genannte Wasserbruch ist selten, meistens harmlos. In der Regel verschwindet das Wasser im Laufe der ersten Lebenswochen des Babys von allein. Sind die Schwellungen plötzlich entstanden und auch schmerzhaft, ist es ratsam, einen Arzt aufzusuchen.

Auch ganz kleine Mädchen leiden bisweilen schon unter äußerst unangenehmen Scheidenentzündungen. Nicht selbst herumdoktern, sondern den Arzt konsultieren!

Scheidenentzündung: oft sehr schmerzhaft

Anzeichen: Bei einer Entzündung der Schamlippen und der Scheide ist der Genitalbereich gerötet und geschwollen. Die Entzündung kann schmerzhaft sein und einen unangenehmen Juckreiz auslösen.
Ursachen: Erreger einer Scheidenentzündung können Viren oder Bakterien sein. Bei einem Säugling liegt die Ursache manchmal auch in einer Pilzinfektion (siehe Seite 148).
Behandlung: Die Entzündung macht einen Arztbesuch nötig. Je nach Erreger wird der Arzt entsprechende Medikamente verordnen.

Was tun?

- Auf sorgfältige Pflege achten. Beim Waschen von Po und Scheide, bei der Reinigung der Genitalien, stets von vorne nach hinten wischen, nie umgekehrt. Dadurch wird verhindert, dass Stuhl in die Scheide und Harnröhre gelangt.
- Kamillenbäder. Das Baby in ein handwarmes Kamillenbad legen oder setzen.
- Windeln häufig wechseln. Nicht zu fest verschließen. Wenn möglich, das Baby oft ohne Windel laufen lassen.

Minimale Blutungen, Ausfluss in den ersten Lebenstagen?

Bei neugeborenen Mädchen kommt es in den ersten Lebenstagen nicht selten zu einem weißlichen Ausfluss aus der Scheide oder zu einer minimalen Blutung, hervorgerufen durch Schwangerschaftshormone der Mutter, die in den letzten Tagen vor der Geburt durch die Plazenta auf das Ungeborene übergehen. Die Folge:

- Absonderung von glasigem Schleim, etwa ab dem dritten Lebenstag
- Blutung. Manchmal kommt es außerdem einige Tage lang zu einer Mini-Blutung, bei der die Schleimhaut der winzigen Gebärmutter abgestoßen wird.

Dieser Vorgang ist normal, harmlos und bedarf keiner besonderen Maßnahmen. Also keine Aufregung, wenn in den ersten Tagen in der Windel ein wenig Schleim und Blut zu sehen sind. Nach sieben bis zehn Tagen ist diese spezielle Schwangerschaftsreaktion vorbei.
Nur wenn die Blutung länger anhält oder sich wiederholt, sollte der Kinderarzt feststellen, ob das Blut wirklich aus der Scheide oder aus der Blase stammt. Bei Blut im Urin muss die Ursache schnell abgeklärt werden. Weitere Auswirkungen der mütterlichen Hormone:

- Anschwellen der Brustdrüsen
- einige Tropfen Milch aus der Brust (Hexenmilch)

Typische Hautprobleme

und was Eltern tun können

Die Haut hat eine eminente Bedeutung für die körperliche und seelische Gesundheit. Sie ist das größte Sinnesorgan, ausgestattet mit Millionen Sensoren – mit Nervensträngen, die alle Empfindungen zwischen warm und kalt, weich und rau, angenehm und unbehaglich an das Gehirn weiterleiten. Diese besonderen Fähigkeiten der Haut müssen allerdings erst geweckt werden. Deshalb braucht die Babyhaut, die fünfmal dünner ist als Erwachsenenhaut, um gesund zu bleiben oder nach einer Krankheit wieder gesund zu werden, nicht nur eine optimale Pflege und Versorgung, sondern auch jede Menge Zärtlichkeit: viele intensive Streicheleinheiten.

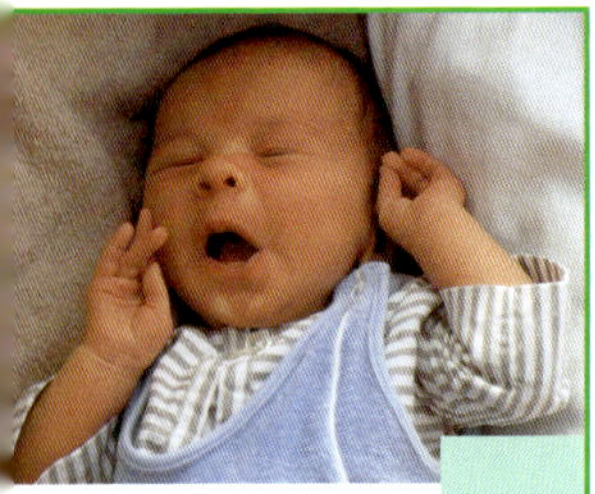

Die Nabelpflege – eigentlich ganz unkompliziert. Die Pflege erfordert weniger Aufwand, als sich viele unerfahrene Eltern vorstellen.

Schwierigkeiten mit dem Nabel?

Der Nabel wird nach der Geburt abgeklemmt, die Klemme schon in den ersten Tagen entfernt. Die Nabelwunde ist die erste Wunde, die eine junge Mutter bei ihrem Kind zu versorgen hat, entsprechend groß ist manchmal ihre Scheu. Etwas angespannt, unsicher und in Sorge, der Nabel könne sich infizieren, geht sie an diese neue Aufgabe heran. Keine Bange: Der Nabel entzündet sich selten. Viele Hebammen bemühen sich heute, die Nabelschnur möglichst kurz abzuschneiden, denn dann trocknet der Stumpf nach ein paar Tagen aus und fällt von allein ab.
Auch wenn Komplikationen beim Abheilen des Nabels äußerst selten sind, ein paar Probleme können sich doch ergeben:

- Was tun, wenn der Nabel nässt oder blutet? In den ersten Wochen kann der Nabel manchmal ein wenig bluten oder nässen. Kein Thema, denn das gibt sich in der Regel von alleine. Zeigt sich am Nabel Eiter (gelbliche Absonderung), dann besteht die Gefahr einer bakteriellen Infektion. Deshalb sofort den Arzt aufsuchen, der die Entzündung mit Salbe oder Puder (Antibiotikum) behandeln und überprüfen wird, ob die Bauchdecke noch geringfügig geöffnet ist (Fistel).

- Was tun, wenn der Nabel wuchert? Beginnt der Nabelstumpf zu wuchern, müssen die kleinen Knötchen vom Arzt entfernt werden, sonst entsteht ein wulstiger Nabel.

- Was tun bei einem Nabelbruch? Hat das Baby einen Knubbel-Nabel, wird oft ein Nabelbruch vermutet. Irrtum. Auch ein knotiger Nabel kann der Normalfall sein. Wie ein Nabel aussieht, ist Sache der Gene. Ein Vergleich mit dem Nabel von Mutter und Vater, Geschwistern, Oma und Opa kann das manchmal bestätigen. Egal, ob der Nabel wie ein Knubbel, ein Trichter oder eine Schnecke aussieht, normalerweise hat sich die Bauchdecke nach der Abnabelung geschlossen – so, wie es sein muss.
  Bei einem Nabelbruch schließt sich die Lücke in der Bauchdecke nicht schnell genug – das Loch, durch das während der Schwangerschaft die Blutgefäße von der Mutter zum Baby geleitet wurden, bleibt. Diese Lücke lässt sich am Nabel tasten. Manchmal ist auch eine Wölbung zu sehen.
  Wenn das Baby aufgeregt in Bewegung ist oder intensiv schreit, dann kann sich der Bruchsack durch die Lücke nach vorne schieben.

Lässt sich diese »Beule« nicht zurückdrängen, sollten Sie einen Kinderarzt konsultieren.
Meist schließt sich ein kleiner Nabelbruch bis zum zweiten Geburtstag von selbst. Er muss nicht behandelt werden. Vergrößert er sich, muss er ambulant operiert werden.

Was können Eltern darüber hinaus noch tun? Je weniger Umstände um den Nabel und seine Pflege gemacht werden, desto besser. Ein paar Maßnahmen:

- Gründliches Händewaschen vor jeder Nabelpflege nicht vergessen, um Infektionen zu vermeiden.
- Den Nabel abtupfen: einmal täglich mit lauwarmem, klarem Wasser und einem sterilen Tuch säubern, dann vorsichtig und gründlich trockentupfen.
- Das Badeverbot in der ersten Zeit wird nicht mehr aufrechterhalten. Beim Baden sollten Sie aber darauf achten, dass der Nabel nur kurz nass wird.
- Luft an den Nabel. Lassen Sie das Baby häufig nackt strampeln – gut für den Heilungsprozess.
- Die Windel sollte unterhalb des Nabels abschließen, damit kein Urin an die Wunde kommt. Die Nabelregion muss trocken bleiben, damit der Nabelschnurrest trocknen und abfallen kann.
- Nässt der Nabel dauernd, behandeln Sie ihn mit Nabelpuder und decken ihn mit einer sterilen Kompresse ab. Die Kompresse vorsichtig mit Pflaster befestigen.

Neue Babyklamotten: erst mal in die Wäsche

Chic ist solch ein knallrotes Babyshirt mit zitronengelber Buxe, aber manchmal nicht gerade »gesund«. Damit die Farben ihr Strahlen und die Hemdchen und Höschen ihre Form behalten, wird die Kleidung bei der Produktion mit viel Chemie behandelt. Deshalb können manche Stoffe bei empfindlichen Babys Allergien hervorrufen.
Zwar sind entsprechende Textilien inzwischen mit besonderen Siegeln gekennzeichnet, die darauf hinweisen, dass die Kleidung ökologisch hergestellt ist, trotzdem empfiehlt es sich, die Kinderkleidung vor dem ersten Tragen gründlich zu waschen.
Am besten ist ein Extra-Waschgang, und zwar so warm wie möglich, vor allem für Hemdchen und Höschen, die besonders intensiv gefärbt sind.

Und wie waschen?

- Die Wäsche muss nicht gekocht werden. Ein normaler Waschgang bei 60 °C mit einem normalen Waschmittel erfüllt seinen Zweck, denn bei dieser Temperatur werden alle Keime abgetötet, die Infektionen verursachen und dem Baby schaden könnten.
- Wäsche, die bei geringeren Temperaturen gewaschen werden muss, kann das Baby ohne Gefahr tragen. Zwar werden die schädlichen Keime dann nicht durch eine hohe Temperatur in der Maschine abgetötet, überstehen aber die vielen Spülgänge nicht.

Eine liebevolle Babypflege – nicht nur wichtig für das körperliche, sondern auch für das seelische Befinden.

Viel Zeit nehmen für die tägliche Babypflege

Oft sind es die ganz unspektakulären Momente, die Wärme ins Leben bringen: Wenn das Baby beim Wickeln aufmerksam das Gesicht von Papa oder Mama studiert, wenn es beim Baden vor Vergnügen quietscht und ordentlich ins Wasser patscht, sind das intensive Glücksmomente. Wird es von ihren liebevollen Händen zärtlich gepflegt, gewaschen, abgetrocknet, eingecremt, dann spüren Eltern, wie sie ihrem Baby mit ganz selbstverständlichen, alltäglichen Dingen das geben, was ein kleines Kind so dringend braucht wie Nahrung und Wärme: das Gefühl, erwünscht und eine große Freude für die Familie zu sein. Babyhaut braucht eine behutsame Pflege...

- ... weil sie besonders zart ist: Ihre Struktur ist viel dünner als die Haut von Erwachsenen,
- ... weil sie besonders empfindlich ist: Der Säureschutzmantel, der Infektionen durch Bakterien und Pilze verhindern soll, ist im ersten Lebensjahr noch nicht perfekt ausgebildet.

Die beste Pflege besteht darin, möglichst wenig zu tun – nur das, was unbedingt sein muss. Was muss unbedingt sein? Babyhaut ist noch zart und weich, deshalb verträgt sie intensiveres Rubbeln nicht, beispielsweise beim Abtrocknen, Wickeln oder Waschen; sie wird dann schnell wund.

- Nur mit Wasser waschen: Das Baby vorsichtig mit einem feuchten, handwarmen Waschlappen in kreisenden Bewegungen abreiben. Keine Seife benutzen, denn sie trocknet die empfindliche Haut aus und greift den Säureschutzmantel an – jede Art von Seife vermeiden. Die richtige Zimmertemperatur bei der Pflege: 25 °C.
- Haare waschen. Waschen Sie anfangs die Haare nur mit Wasser und wischen Sie dabei mit einem feuchten Waschlappen von der Stirn nach hinten. Erst später ein mildes Babyshampoo verwenden. Wenn die Haare trocken sind, streichen Sie mit einer weichen Babyhaarbürste sanft über die Haare und massieren so die Kopfhaut.
- Selten baden. Sparsam mit Wasser umgehen. Im Mutterleib ist das Ungeborene durch eine Fettschicht (Käseschmiere) vor dem Austrocknen im Fruchtwasser bewahrt, nach der Geburt fehlt diese Schutzschicht. Die zarte Babyhaut ist nur von einem hauchdünnen Fettfilm bedeckt, der bei jedem Bad abgewaschen wird und sich erst

langsam wieder aufbauen kann. Bei täglichem Baden kann die Haut austrocknen und sich entzünden. Badezusätze sind im ersten Jahr überflüssig, vielleicht sogar schädlich. Manche chemischen Zusätze können bei Kindern, die dazu neigen, Neurodermitis begünstigen. Viele Mütter schwören auf pflanzliche Badezusätze, vor allem wenn das Baby trockene Haut hat. Sie verrühren einen Schuss Olivenöl oder süßes Mandelöl mit Milch, geben diesen Zusatz in die leere Wanne und lassen danach erst das Wasser zulaufen.
Lassen Sie das Baby normalerweise zwei-, dreimal pro Woche im klaren Wasser planschen – und nur, wenn ihm das Spaß macht. Bitte nicht nach einer Mahlzeit baden! Die richtige Wassertemperatur: 37 °C. (Nicht nur mit dem Thermometer, sondern sicherheitshalber auch mit dem Ellenbogen überprüfen.) Anfangs fünf Minuten, später zehn Minuten baden. Badet das Baby später, wenn es sicher sitzen kann, in einer großen Wanne, setzen Sie es sicherheitshalber auf eine Badematte, damit es nicht ausrutschen kann. Vorsicht: Das Baby beim Baden nie allein lassen (Ertrinkungsgefahr!).

- Abtrocknen. Mummeln Sie das Baby nach dem Waschen oder Baden in ein vorgewärmtes Kapuzenhandtuch, weil es schnell auskühlt. Ist es ins Badehandtuch gekuschelt, warten Sie in Ruhe ab, bis das Tuch die größte Feuchtigkeit weggesaugt hat. Danach rubbeln Sie das Baby noch sanft ab. Die besonders empfindlichen Stellen, etwa die Hautfalten unter den Armen, am Hals oder in den Kniekehlen, tupfen Sie sorgfältig mit einem weichen Handtuch trocken.

- Ohren reinigen. Kein Thema, denn sie reinigen sich von selbst. Bitte keine Ohrenstäbchen benutzen (siehe Seite 71). Die Ohrmuschel mit dem Zipfel eines feuchten Waschlappens vorsichtig auswischen. Die Hautfalten hinter den Ohren nicht vergessen, nach dem Waschen gründlich abtrocknen, denn Feuchtigkeit kann leicht zu einer Entzündung führen.

- Nägel schneiden. Bei einem Neugeborenen reicht es, Babyöl in die Nägel einzumassieren. Das weicht sie auf und kürzt sie. Später die Nägel schneiden, wenn das Baby schläft, da das Stillhalten nicht gerade beliebt ist. Eine spezielle, abgerundete Nagelschere benutzen.

- Augen reinigen. Ein bisschen Watte drehen, den Wattestiel in abgekochtes, abgekühltes Wasser tauchen und damit Beläge aus den Augen wischen – von innen nach außen.

Beim Wickeln Zeit zum Schäkern

- Den Po reinigen: Wenn die Windel voll war, den Po mit einem Öltuch vorsorglich abwischen, dann unter fließendem Wasser mit der Hand abwaschen und mit einem weichen Handtuch sorgsam trockentupfen.
- Wickeln: Ein gesunder Po muss nicht eingecremt werden, bevor er unter der Windel verschwindet. Ganz wichtig beim Wickeln: Mit dem Baby Zwiesprache halten, flirten, ihm von der Welt erzählen, zärtlich über die Haut streichen und es mit vielen Koseworten verwöhnen. Die Hände sollten warm sein.

Erste Pickelchen und Hautreizungen

Alles ist anders als vorher. Nach der Geburt muss sich das Baby an die neuen Lebensumstände anpassen – auch seine empfindliche Haut.

Neugeborenen-Akne

Anzeichen: Harmlose Pickelchen, die gleich in den ersten Tagen nach der Geburt zu sehen sind, mitunter aber auch Wochen später. Rote Flecken, kleine gelbliche Pickelchen und sogar eitrige Pusteln tauchen im Gesicht auf: an Wangen und Stirn, mal hier, mal da. Nicht zu verwechseln mit verstopften Talgdrüsen, die manchmal an Nase und Kinn entstehen.
Ursache: Unklar. Vielleicht sind die mütterlichen Hormone verantwortlich, die vor der Geburt über die Plazenta auf das Kind übergegangen sind. Vielleicht wird die Akne auch durch den Geburtsstress und die dadurch vermehrte Produktion männlicher Hormone (Androgene) ausgelöst.

Was tun?

- Gar nichts – in Ruhe abwarten, bis die Pickelchen nach ein paar Tagen oder Wochen von alleine verschwinden.

Nach der Geburt kommt die empfindliche Babyhaut plötzlich mit Luft in Berührung. An diese Umstellung muss sich die Haut erst einmal gewöhnen. Deshalb kämpft die Haut in dieser Übergangsphase manchmal mit roten Flecken und Pickelchen.

Kosmetik-Akne

Anzeichen: Pickelchen und Pusteln.
Ursache: Die Haut reagiert überempfindlich auf Pflegeprodukte.

Was tun?

- Zu klarem Wasser zurückkehren. Vom Arzt beraten lassen.

Akne im Säuglings- und Kleinkindalter

Anzeichen: Viele Knötchen, Pickelchen und Pusteln.
Ursache: Wahrscheinlich sind frühzeitig produzierte männliche Hormone (Androgene) dafür verantwortlich, dass die Haut »blüht«.

Was tun?

- Zum Arzt gehen. Er wird diese Störung mit Medikamenten behandeln, um Entzündungen und Narben vorzubeugen.

Gneis

Gneis wird mitunter auch als Milchschorf bezeichnet. Eine harmlose und häufige Störung zwischen der sechsten und achten Lebenswoche.
Anzeichen: Auf der Kopfhaut bilden sich starke und fettige Schuppen, vor allem im Bereich der Fontanelle. Manchmal entsteht auch eine schuppige Kruste. Die Störung kann sich ausbreiten, zum Beispiel auf die Stirn und die Augenbrauen. Die Haut unter den Schuppen ist gerötet, vielleicht sogar wund. Der Schorf verursacht kaum Juckreiz.
Ursache ist wohl eine Überfunktion der Haartalgdrüsen.

Was tun?

- Versuchen, die Schuppen vorsichtig mit einer Babybürste zu entfernen.

- Die Kopfhaut einreiben. Abends behutsam mit einem Wattepad Mandel- oder Babyöl auftragen, damit sich die Schuppen über Nacht lösen. Den aufgeweichten Schorf am nächsten Morgen vorsichtig auskämmen, dann mit einem Waschlappen und einem milden, unparfümierten Babyshampoo vom Kopf waschen. Nach zwei-, dreimaligem Einölen und Haarewaschen verschwindet der Milchschorf.

Nässender Milchschorf

Eine Störung, die oft in Zusammenhang mit Neurodermitis genannt wird.
Anzeichen: Schuppende, rötlich bis gelbe Flecken, Bläschen, die mitunter nässen und sich vor allem auf dem Kopf und im Gesicht breit machen: in den Augenbrauen, hinter den Ohren, am Hals, auch in den Knie- und Armbeugen.
Ursachen: Die Veranlagung wird vererbt. Durch Umweltfaktoren wird das Ekzem aber wesentlich beeinflusst.
Behandlung: Das Kind dem Arzt vorstellen, damit er sich ein genaueres Bild machen kann. Eventuell wird er Medikamente und Badezusätze verordnen – Mittel, die auch den mit der Störung verbundenen Juckreiz lindern können.

Was tun?

- Dem Kind häufig die Nägel schneiden, damit es sich nicht aufkratzt, denn durch die kleinen Wunden könnten Bakterien eindringen und Entzündungen verursachen.

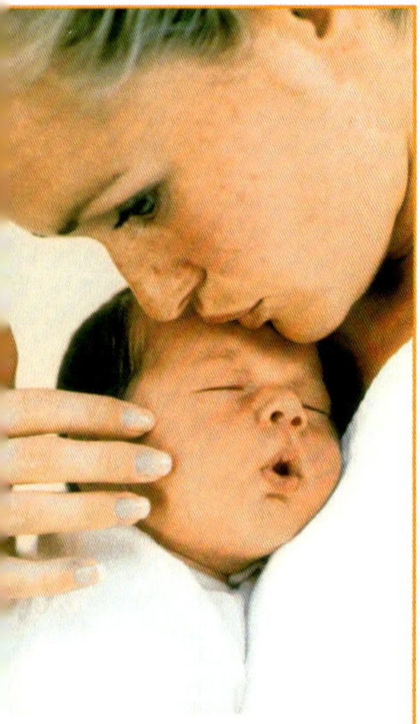

Wenn ihr Baby krank ist, bleibt einer Mutter kaum Zeit, an das eigene Befinden zu denken. Tritt zwischendurch doch einmal Ruhe ein, sollte sie diese Momente zur eigenen Erholung nutzen.

Gemeinsam die Stille genießen

Der Tag hatte es in sich. Das kranke Baby hat unter juckendem Hautausschlag und Fieber gelitten. Jetzt liegt es entspannt auf dem Bauch seiner Mutter, atmet tief und gleichmäßig, schläft endlich ein. Bloß nicht bewegen, das Kind nicht aufwecken, sondern den kostbaren Moment festhalten.
Endlich Stille, kein Geräusch zu hören: eine Wohltat für die Seele einer geplagten Mutter, die ängstlich und angespannt auf die erste »richtige« Krankheit ihres Babys reagiert und nun langsam loslassen kann: Das Schlimmste scheint vorüber zu sein. Nervosität und Angst schwinden langsam, stattdessen macht sich Entspannung breit.
Die Stille liegt wie eine große weiße Decke über allem. Die erschöpfte Mutter beobachtet ihr schlummerndes Kind liebevoll und in aller Ruhe. Sie nimmt wahr, wie sich der kleine Brustkorb mit jedem Atemzug hebt und senkt, wie die zarten Augenlider flattern und die Händchen im Schlaf zucken. Sie schließt ihr Kind fest in ihr Herz, genießt die Ruhe nach dem Sturm ganz bewusst. Ein paar Tipps, damit die Entspannung noch eine Weile erhalten bleibt:

- Gleichmäßig ein- und ausatmen, tief in den Bauch atmen. Oder versuchen, mit dem Baby im Gleichtakt zu atmen.
- Nicht auf die Uhr schauen. Einfach nur dösen, genießen, die Zweisamkeit durch alle Poren aufnehmen.
- Das Baby bewusst wahrnehmen: seine Wärme, seine Nähe, seinen Geruch.

In der Stille gelingt es mancher Mutter, zum ersten Mal seit längerer Zeit wieder an sich selbst, an eigene Vorstellungen und Pläne zu denken – und nicht nur im Babytrubel zu versinken.

Entspannung für die Seele

Atemübungen helfen bei der Erholung. Meistens holen wir zu flach und zu hastig Luft und stoßen sie zu schnell wieder aus: So werden Lunge und Blutkreislauf nur unzureichend mit Sauerstoff versorgt, die Organe schlecht durchblutet. Außerdem wirkt sich der Mangel an Sauerstoff negativ auf die Stimmung aus.
Wer bewusster und tiefer Luft holt, ruhig ausatmet, versucht einen gleichmäßigen Rhythmus zu finden, lernt seinen Atem besser zu steuern, um auf

diese Weise neue Kräfte zu tanken und an das Baby weiterzugeben, wenn es aus seinem Schlummer erwacht. Es wird die neue, positive Ausstrahlung seiner Mutter gleich wahrnehmen.

Neuen Schwung holen: Was erschöpfte Mütter für sich tun können

Das Aufbauprogramm (in Stichworten) versorgt gestresste Mütter mit neuer Energie. Sieben autogene Übungen, die wieder fit machen:

- Alles locker? Auf dem Rücken liegen, Hände flach auf dem Boden. Stille halten. Ruhig und gleichmäßig atmen. Von Kopf bis Fuß entspannen: alle Muskeln, alle Organe – alles. Kontrollieren: Wirklich alles locker, alles total entspannt – kleiner Zeh, großer Zeh, der ganze Fuß? In Gedanken von Fuß bis Kopf wandern. An nichts als sich selbst denken.
- Auf Weltreise. Rücklings möglichst entspannt auf dem Boden liegen. In Gedanken den eigenen Körper, der sich in der Fantasie in eine riesige Insel verwandelt, mit einem Boot umschippern. Die Reise in Gedanken Punkt für Punkt ganz genau verfolgen. Beim Kopf beginnen.
- Bauchgefühle. Mit geschlossenen Augen möglichst entspannt auf dem Rücken liegen. Jetzt den Bauch fest einziehen. Weiter atmen. Sich ganz auf den Bauch konzentrieren. Nach einer halben Minute wieder lockern.
- Im Mittelpunkt. Mit geschlossenen Augen mitten im Zimmer auf dem Boden sitzen. Entspannen, bequem sitzen. Auf Abstand gehen, sich dann in Gedanken aus der Entfernung selbst betrachten.
- Im Gebirge. Auf dem Rücken liegen. Das rechte Bein anziehen. Ruhig und gleichmäßig atmen, den übrigen Körper entspannen. In Gedanken auf das Bein konzentriert sein, das wie ein spitzer Berg in den Himmel ragt. Nach einer Weile das rechte Bein wieder ausstrecken, das linke anziehen und die Übung von vorne beginnen.
- Wechselspiel. Auf den Rücken legen. Die Arme zur Seite ausstrecken und auf den Boden legen. Die Füße nebeneinander stellen. Die Knie langsam auf die linke Seite, den Kopf gleichzeitig zur rechten Seite legen. Dabei dreimal tief und ruhig ein- und ausatmen. Dann die Seiten wechseln. Das Ganze zehnmal wiederholen.
- Kreiseln. Auf dem Rücken liegen, die Knie an den Bauch ziehen und die Oberschenkel um den Bauchnabel kreisen lassen – die Übung eine Weile durchhalten.

Tipp: Nehmen Sie ein wohliges Duftbad mit entspannendem Orangenblütenöl. Geben Sie zusätzlich einen Schuss Milch oder Sahne ins Badewasser.

Weitere Tipps

- Ältere Geschwister können bei den Übungen mitmachen, sind damit ebenfalls eine Weile beschäftigt und stören die Konzentration nicht.
- Die Grundbedürfnisse nicht aus den Augen verlieren: Für gesunde Ernährung, ausreichenden Schlaf, viel Bewegung an der frischen Luft sorgen – das brauchen nicht nur Kinder, sondern auch Mütter.

Verändert sich die Haut deutlich, am besten möglichst bald den Kinderarzt um Rat fragen.

Male und Hautveränderungen: immer im Blick behalten

Manche Babys kommen mit kleinen Hautveränderungen auf die Welt, die meistens nicht gravierend und kein Grund zur Sorge sind. Mit der Zeit verschwinden manche sogar von allein.

Feuermal

Beunruhigt entdecken Eltern nach der Geburt, dass ihr Baby im Nacken einen hellroten bis hellvioletten Fleck in V-Form hat (Storchenbiss). Seltener kommt solch ein Fleck auf der Stirn, auf den oberen Augenlidern oder auf der Nase vor. Sogar auf dem Steißbein kann er sitzen.
Ein Feuermal ist eine gutartige, angeborene Fehlbildung der Blutgefäße. Wie es zu dieser Fehlbildung kommt, ist unbekannt.
Die meisten dieser Male verblassen in den ersten Lebensjahren. In seltenen Fällen bleiben sie bestehen, wachsen mit, dehnen sich im Laufe der Jahre entsprechend dem Wachstum des Kindes aus. Auch ihre Farbe kann sich von hellrot bis dunkelrot, vielleicht sogar blaurot verändern. Sie sollten vom Arzt beobachtet und eventuell mit Hilfe einer Laserbehandlung oder Operation entfernt werden.

Blutschwamm

Bis zu vier Prozent aller Babys kommen mit einem Blutschwamm auf die Welt oder entwickeln ihn in den ersten Lebenswochen. Ein Blutschwamm ist ein weiches rotes oder rotblaues Mal: eine gutartige Wucherung von Blutgefäßen, die überall am Körper auftreten kann.
Die meisten Blutschwämme (Hämangiome) beginnen als kleine Knötchen, wachsen langsam ein paar Monate mit und bilden sich häufig während der folgenden Jahre wieder zurück. Leider können sie sich auch in kurzer Zeit enorm vergrößern. In solch einem Fall ist eventuell eine plastisch-chirurgische Behandlung notwendig.
Da man nicht sicher sein kann, dass sich ein Blutschwamm wirklich von alleine zurückbildet, raten viele Ärzte dazu, ihn gleich im Anfangsstadium mit einer Laser- oder Kältetherapie zu beseitigen. Andere empfehlen nur dann eine Behandlung, wenn die Wucherung übermäßig wächst. Für einen medizinischen Laien nicht einfach, sich für einen dieser Standpunkte zu entscheiden.

Leberfleck, Muttermal

Wie kommt es plötzlich zu diesen braunen Flecken auf der Haut, mal flach, hell, klein und kaum zu sehen, mal dicker, dunkler, größer und damit auffälliger? Der Organismus produziert an diesen Stellen vermehrt Pigment bildende Zellen.
Viele Ärzte sind der Meinung, diese Male zu lassen, wie sie sind, solange sie sich nicht verändern, sich keine Entwicklung zu einem bösartigen Befund abzeichnet.

Ein harmloses Hautmal kann bösartig werden

Meistens sind Hautmale gesundheitlich unbedenklich. Verändert sich ein Mal jedoch plötzlich, wächst es in die Höhe oder zur Seite, fängt es an zu jucken, zu schmerzen, zu brennen oder zu bluten, sollten Eltern mit ihrem Kind zum Hautarzt gehen. Aus den Malen können sich nämlich bösartige Hautveränderungen entwickeln – bei Kindern kommt das aber nur selten vor. Als Vorbeugemaßnahme wird das betroffene Gewebe entfernt.

Warzen: Vorsicht, ansteckend!

Ursache: Beim Babyschwimmen, bei den ersten Laufversuchen an Vaters Hand im Schwimmbad, auf dem Weg ins Planschbecken – überall, wo ein Kind barfuß läuft, kann es sich anstecken, denn Warzen werden durch ein Virus übertragen, das in Hautschuppen lauert. Der Erreger, von dem 80 verschiedene Typen bekannt sind, gelangt durch Wunden in die Haut.
Anzeichen: Erst Wochen, oft sogar Monate nach der Ansteckung zeigt sich die erste Warze: eine gutartige, aber ansteckende Wucherung der Oberhaut in Knötchenform. Die meisten Eltern versuchen, die Warzen mit harmlosen Methoden zu bekämpfen.

Was tun?

- Geduld aufbringen. Kein Auge auf die Warzen haben, kein Thema daraus machen. Gerade bei Kindern verschwinden Warzen oft so schnell, wie sie gekommen sind.
- Mehrmals täglich Umschläge mit gesalzenem Zwiebelsaft, Ringelblumensaft oder Schöllkrautsaft machen.

Der Schnuller: manchmal nicht gut für die Haut

Bei manchem Baby ist die Haut um den Mund herum rot, die Lippen sind trocken und leicht aufgesprungen. Verursacher des Übels könnte der Schnuller sein. Der Zusammenhang: Weil die Haut trocken ist und spannt, leckt sich das Baby häufiger die Lippen. Damit wird eine Spirale in Bewegung gesetzt: trockene Haut – befeuchten – noch trockenere Haut …
Lippen und Haut trocknen noch schneller aus, wenn das Baby einen Schnuller hat. Das Nuckeln verstärkt die Reizung noch, weil der Schnuller die Haut zusätzlich beansprucht. Die Mundpartie deshalb tagsüber sorgfältig mit einer rückfettenden Creme pflegen. Wenn das Baby abends eingeschlafen ist, vorsichtig eine zinkhaltige Paste auftragen. Natürlich wäre es am besten, wenn das Baby vom Schnuller lassen könnte, aber das ist wohl eine Illusion …

Wenn Hände Zauberkräfte haben

Hände können Wunder wirken, hautnah Liebe vermitteln. Berührung ist ein wichtiger Nothelfer, wenn sich ein Kind nicht wohlfühlt. Ein Hinweis: Wer Schmerzen hat und einem anderen Schmerzen nehmen will, legt spontan die Hand auf die Stelle, die weh tut, drückt, streichelt, massiert.

Nach überlieferter Vorstellung überträgt sich positive Energie aus den Händen von Mutter oder Vater auf das kranke Kind. Das kann auch und gerade geschehen, wenn die Hände still halten, einfach auf dem Bauch des Kindes liegen oder auf seinem Kopf – nicht nur ein kurzes Momentchen dort liegen, sondern länger. Das bringt mehr.

Viele Kinder atmen auf, wenn sie Mutters oder Vaters Hände spüren. Sie vertrauen auf die »Zauberkräfte« dieser Hände, die Wärme verströmen, ein Schutzschild sind, Sicherheit vermitteln und Mut machen. Alles zusammen verspricht keine »Wunderheilung«, wirkt sich aber positiv auf den Seelenzustand eines Kindes aus. Handauflegen ist ein liebe- und sinnvolles Ritual.

- Der Schildkrötenpanzer. Eine große Hand ausgestreckt und schützend wie einen Schildkrötenpanzer über die kleine Babyhand legen.
- Die Kugel. Aus zwei großen Händen eine Kugel bilden. Die kleine Babyhand in der Kugel verschwinden lassen. Sie darin wie einen Schatz bewahren und behüten.
- Das Pflaster. Die große Hand wie einen Verband auf einen Ratscher oder eine Beule legen und ganz entspannt ein Momentchen dort liegen lassen.
  Oder drei ausgestreckte Finger auflegen und einen Trostvers aufsagen:
  Dreiblättrig Kraut,
  heil mir die Haut,
  still mir das Blut,
  dass es nimmer wehtut.
- Der Handkuss. Der kleinen Hand ein, zwei Handküsse geben – erst auf den Handrücken, dann in die Handfläche.
- Das Fliegeküsschen. Erst einen Kuss in die Babyhand geben, dann pusten und gemeinsam zuschauen, wie das unsichtbare Küsschen davonfliegt. Erzählen Sie, wohin es fliegt. Nach Afrika? Nach Amerika?

Handauflegen – kein Hokuspokus, sondern ein erprobtes Beruhigungsmittel bei Babys: Sie fühlen sich gut aufgehoben, gut geschützt unter dem Schirm von Mutters oder Vaters Hand.

- Die Lavendelhand. Die Hände mit Lavendelöl einreiben, weil der Lavendelduft beruhigend und ausgleichend wirkt. Sehr kleine Kinder empfinden diesen Duft allerdings oft als zu intensiv (siehe Seite 60).
  Oder die Hände gründlich mit einer duftenden Seife waschen und das Baby dann daran schnuppern lassen.

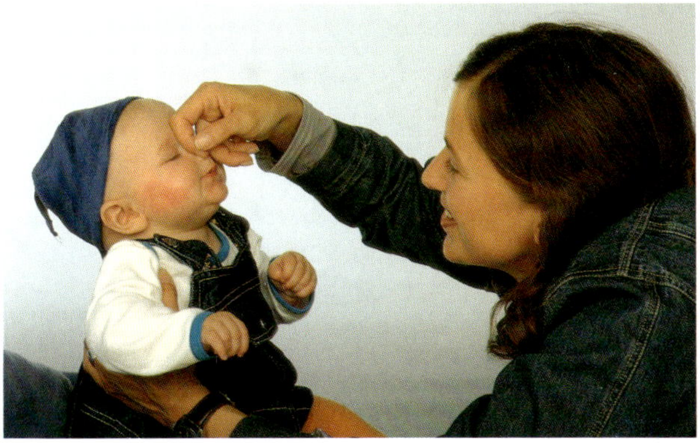

- Der Zeichenstift. Mit dem Zeigefinger erst die Augenbrauen im Babygesicht nachzeichnen, dann den Nasenrücken, dann das Kinn umrunden und zum Schluss die Lippen nachziehen.
- Die Mütze. Zwei große Hände wie eine Mütze mit Ohrenklappen um den Babykopf legen und sanft drücken.
- Der Schirm. Die Hände wie einen Schirm über den Kopf des Babys halten und dazu singen:
  Heile, heile Segen,
  drei Tage Regen,
  drei Tag' geht der Wind:
  Heile, heile, liebes Kind!
- Die Stelle, die wehtut, streicheln und dazu einen Trostvers wie eine Beschwörungsformel murmeln:
  Heile, heile Kätzchen,
  das Kätzchen hat vier Tätzchen
  und einen langen Schwanz –
  morgen ist alles wieder ganz.
- Kribbelkrabbel. Die Fingerspitzen hinter den Babyohren kreisen lassen, dann langsam über den ganzen Kopf wandern. Haarsträhnen, so weit schon vorhanden, in die Hand nehmen und behutsam »auskämmen«.

Der Po wird bei den meisten Babys irgendwann einmal wund, manchmal trotz gründlicher und gleichzeitig behutsamer Pflege.

Was tun, wenn der Po wund ist?

Glatt und rosig – so sieht ein gesunder Babypo normalerweise aus. Der rosige Po kann schnell rot und wund werden, wenn die empfindliche Haut durch häufiges Wickeln und Waschen überstrapaziert wird. Das Hinterteil hat einiges auszuhalten: Stundenlang liegt ein Baby auf dem Rücken, auf seinem Podex. Entzündet sich die zarte Haut, sprechen Mediziner von einer Windeldermatitis. Sie entsteht...

- ... wenn das Baby zu lange in seinem Urin oder Stuhl liegt, weil seine Windel zu selten gewechselt wird. Aus dem Urin wird Ammoniak, der die Haut angreift.
- ... wenn der Stuhl »sauer« ist. Das kann verschiedene Gründe haben, zum einen erhöhten Speichelfluss, wenn das Baby seine ersten Zähne bekommt, zum anderen säurehaltige Nahrung, entweder durch das Stillen mit der Muttermilch oder durch die Beikost. Säurehaltiges Obst und Gemüse, aber auch Schokolade können sich negativ auswirken.
- ... wenn das Kind zu wenig trinkt, sein Urin deshalb konzentriert und hautaggressiv ist.

Was tun?

- Hände waschen. Vor jedem Windelwechsel gründlich reinigen.
- Die Windeln häufig wechseln. Es lohnt sich: Ein Neugeborenes pinkelt bis zu 30-mal am Tag . Durchs Wickeln lässt sich verhindern, dass sich die Keime in dem feuchtwarmen Windelklima rasant vermehren. Die Windel nicht zu fest verschließen, damit Luft an den Po kommt.
- Die Haut gründlich reinigen: Immer unter fließendem, lauwarmem Wasser mit der Hand abwaschen. Die Hautfalten mit einem frischen Waschlappen reinigen. Eventuell handwarmen, täglich frisch zubereiteten Schafgarbentee verwenden. Keine Öltücher benutzen. Das Rezept: 1 Teelöffel getrocknete Schafgarbe mit einer Tasse kochendem Wasser übergießen, 10 Minuten ziehen lassen, abgießen, abkühlen lassen.

- Den Po trockentupfen, am besten mit einem Kosmetiktuch, oder ihn trockenföhnen. (Föhn auf niedrigste Stufe stellen. Abstand halten. Das Baby sollte dabei auf dem Bauch liegen, damit der Föhn nicht mit Urin in Berührung kommt, denn das könnte dem Baby einen elektrischen Schlag versetzen.) Den Po nach dem Waschen oder Baden nicht trockenrubbeln, denn das strapaziert die dünne Haut zu stark.

- Eine schützende Creme verwenden, zum Beispiel Ringelblumen-, Beinwell-, Hamamelis- oder auch Zinksalbe mit Lebertran. Salben Sie die betroffenen Hautstellen bei jedem Wickeln besonders behutsam und dünn ein, damit die Haut noch atmen kann. Oder ein wenig Muttermilch auf die Haut geben. Keine weiteren Puder, Cremes und Öle verwenden, denn sie würden eine Fettschicht auf der Haut bilden, die zwar Feuchtigkeit, aber auch heilende Luft abschirmt, und das verträgt die empfindliche Babyhaut nicht besonders gut.

- Baden. Lindernd wirkt ein kurzes Bad mit Eichenrinden-Extrakt. Auch wenn das Baden Vergnügen bereitet: Zu viel Wasser kann die Babyhaut krank machen.

- Nackt strampeln lassen – bei jedem Wickeln eine Viertelstunde, wenn möglich. Im Warmen, ohne Windel, fühlt sich jedes Baby besonders wohl (zum Beispiel unter einer Wärmelampe). Die frische Luft bekommt seiner Haut besonders gut.

- Die Wickelmethode ändern, wenn der Po immer wieder wund wird. Vielleicht reagiert das Baby besonders empfindlich auf eine Windelsorte, etwa auf bestimmte Duftstoffe oder – bei Stoffwindeln – auf ein bestimmtes Waschmittel.

Behandlung: Der Kinderarzt sollte sich den wunden Po spätestens anschauen...

- ... wenn er nicht heilen will,

- ... wenn die Wunde zu nässen beginnt.

Er sollte den wunden Po nicht nur ansehen, weil das Baby jetzt massiv leidet – die Entzündung kann ausgesprochen weh tun –, sondern um herauszufinden, ob Pilze oder Bakterien Ursache der Infektion sind.

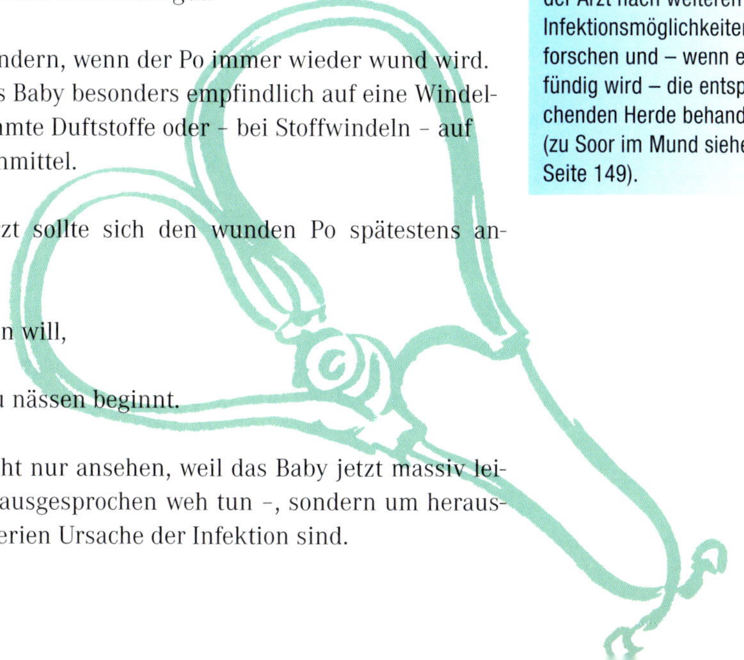

Soor – eine Pilzerkrankung

Anzeichen: Hat sich auf den wunden Stellen ein Hefepilz angesiedelt, bilden sich auf dem geröteten Po Pickelchen, schuppige und offene Bläschen mit weißem Rand (Soor). Besonders gerne siedelt sich der Pilz da an, wo Hautreibung entsteht: in den Hautfalten, an den Oberschenkeln, an den Schamlippen oder am Hodensack. **Behandlung:** Der Arzt wird wahrscheinlich eine pilzabtötende Salbe oder Tinktur verordnen, die regelmäßig genau nach Vorschrift aufgetragen werden sollte. Zieht sich die Infektion über Wochen hin oder flammt sie erneut auf, wird dem Kind in der Regel ein Antipilzmittel zum Einnehmen verordnet. Vorher wird der Arzt nach weiteren Infektionsmöglichkeiten forschen und – wenn er fündig wird – die entsprechenden Herde behandeln (zu Soor im Mund siehe Seite 149).

Massage – eine Wohltat für Mutter und Kind

Die meisten Babys lassen sich eine Massage gerne gefallen, entspannen sich und fühlen sich wohl dabei. Aber längst nicht allen steht immer der Sinn danach.

Immer mehr Mediziner erinnern sich an die alte Weisheit, dass eine Massage heilend wirken kann. Unabhängig vom jeweiligen Krankheitsbild trägt sie dazu bei, bestimmte Erkrankungen besser zu bewältigen. Sie wirkt auch bei kleinen und größeren Babys. Die meisten Kinder lassen sich eine Massage gerne gefallen.
Frühgeborene, die regelmäßig massiert wurden, entwickelten sich besser als die Kleinen, die nicht in den Genuss von Massagen kamen, hat eine amerikanische Studie ergeben. So nahmen die massierten Babys nicht nur schneller zu als ihre unbehandelten Altersgenossen, sondern waren auch in ihrer gesamten Entwicklung ein paar Schritte voraus. Sie zeigten sich weniger stressempfindlich, aktiver, aufmerksamer.
Massagen ...

- ... fördern die Funktion der Haut, die mit jedem Tag widerstandsfähiger wird. Dieser natürliche Prozess kann durch sanfte Massagen wesentlich unterstützt werden.
- ... entkrampfen. Babys, die regelmäßig massiert werden, schlafen besser und leiden seltener unter Leibschmerzen.
- ...wirken sich positiv auf die gesamte Entwicklung des Organismus aus.
- ... machen Freude. Das Wichtigste beim Massieren aber ist: Eltern und Kind genießen den engen Körperkontakt – Wohlbehagen pur macht sich breit.

Bewährte Handgriffe

Die Kunst besteht darin, kräftig über die Haut zu streichen und trotzdem behutsam vorzugehen. Zu zaghaftes Anfassen ist einem Baby eher unangenehm; das kitzelt nämlich. Die wichtigsten Handgriffe:

- Das Gesicht wärmen. Mit der flachen Hand über die Stirn, mit den Daumen über die Wangen streichen.
- Die Nase verwöhnen. Beide Daumen an die Nasenwurzel des Babys legen: einen rechts, einen links. Dann mit beiden Daumen gleichzeitig vom Nasenbein aus mehrmals nach unten fahren.

- Die Arme massieren. Erst den rechten Arm des Babys mit beiden Händen umfassen und von der Schulter zur Babyhand massieren, dann den linken Arm. Oder: Mit der linken Hand einen Babyarm hochhalten, mit der rechten diesen Arm umschließen und von der Schulter zu den Fingerspitzen streichen. Dann den anderen Arm massieren. Zum Schluss die Arme über der Brust kreuzen.
- Die Babyhand streicheln, behutsam mit dem Daumen massieren. Dabei vorsichtig die Finger strecken.
- Arme und Beine bearbeiten. Erst das rechte, dann das linke Babybein hochnehmen, mit beiden Händen umfassen, sanft, aber fest vom Po Richtung Fußspitzen massieren. Oder: Mit der linken Hand einen Babyarm hochhalten, mit der rechten den Arm umschließen und von der Schulter zu den Fingerspitzen streichen. Dann den anderen Arm massieren. Zum Schluss die Beine abknicken und sanft gegen den Bauch drücken – gleichzeitig oder abwechselnd.
- Die Füße liebkosen. Mit leichtem Druck den Daumen über die Fußsohle des Babys führen, dann über die Beine bis zum Po streichen.
- Über den Rücken streichen. Das Baby bäuchlings über die Knie legen, seine Beine mit der einen Hand festhalten. Mit der anderen Hand Rücken und Po mit rhythmischen Bewegungen massieren. Von der Schulter an der Wirbelsäule entlang zum Po streichen.
- Dem Bauch Gutes tun. Den Bauch im Uhrzeigersinn kreisend massieren. Oder mit der flachen Hand vom Nabel abwärts zu den Beinen streichen. Oder in gleichmäßigen Bewegungen von der Schulter zu den Beinen streichen: von der rechten Schulter quer über den Bauch zum linken Bein. Dann von der linken Schulter quer über den Bauch zum rechten Bein.

Massage ist übrigens nicht jedes Babys Sache. Zeigt ein Kind deutlich, dass es von Massage nichts hält, ihm nichts aufzwingen, sondern seinen Willen respektieren.

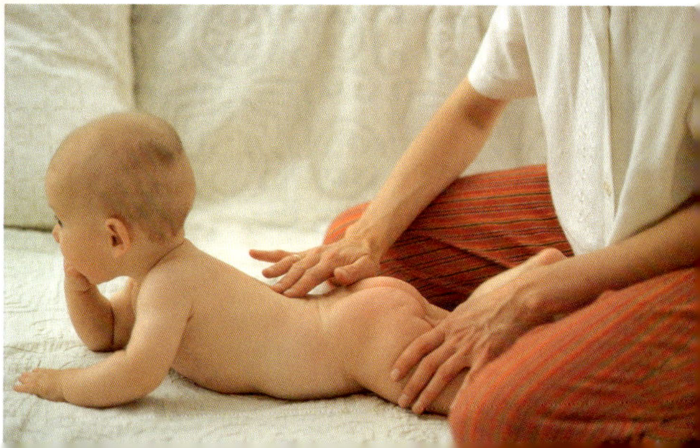

Wichtige Voraussetzungen für eine gute Massage

- Ruhe ausstrahlen. Nur wer seine innere Mitte gefunden hat, kann beim Massieren positive Kräfte übertragen. Wer vom Scheitel bis zur Sohle angespannt ist, überträgt die Nervosität auf das Kind.
- Ein angenehmes Umfeld schaffen. Licht, Zimmertemperatur, Familienklima müssen stimmen, damit sich ein Kind wohlig auf das einlassen kann, was Mutter oder Vater mit ihm vorhaben.
- Die Hände anwärmen. Eventuell auch einölen.
- Das Baby ansprechen, mit ihm reden. Nicht zu ernst an die Sache gehen, sondern spielerisch; möglichst unbeschwert und locker bleiben.

Pilzerkrankungen: unangenehm und oft schmerzhaft

Dass Pilzerkrankungen auch schon einem Säugling zu schaffen machen können, überrascht viele Eltern.

Pilze gehören zu unserem Dasein: Hefepilze leben in unserem Verdauungssystem, Fadenpilze auf unserer Haut. Normalerweise gefährden diese Pilze unsere Gesundheit nicht. Sind unsere Widerstandskräfte allerdings geschwächt, etwa durch Stress oder Krankheit, können die Pilze überhand nehmen und Erkrankungen (Mykosen) auslösen.
Weil die Abwehrkräfte eines Babys noch zu wünschen übrig lassen, ist es besonders gefährdet. Ärzte weisen darauf hin, dass Pilzerkrankungen – selten gefährlich, aber immer lästig und langwierig – zugenommen haben. Schon viele Neugeborene haben frühzeitig Kontakt mit Hefepilzen, denn diese finden während der Schwangerschaft durch den veränderten Hormonhaushalt ideale Lebensbedingungen in der Scheide der Mutter. Das bedeutet: Bei seiner Geburt kommt das Baby mit den Pilzen in Berührung, wenn seine Mutter infiziert ist.

Hautpilz

Anzeichen: Juckreiz, runde oder ovale rote Hautflecken, die schuppen.
Ursache: Kinder können sich bei Tieren oder bei Menschen anstecken. Vor allem in einem feuchtwarmen Milieu gedeihen die Pilze prächtig.
Behandlung: Mit einer Pilzerkrankung unbedingt zum Arzt gehen. Er verschreibt Puder, Sprays oder Salben und kontrolliert den Verlauf der Erkrankung.

Was tun?

- Den Ansteckungsherd herausfinden.
- Die Wäsche kochen: Bettzeug, Handtücher, Waschlappen – alles kochen, womit das Baby in Berührung kommt.

Fußpilz: von Anfang an entgegenwirken

Anzeichen: Die Haut zwischen den Zehen, am Zehenrand auf der Fußsohle ist rot entzündet und schuppt.
Ursache: Ansteckung im Schwimmbad oder in der Sauna möglich. Die Infektion wird durch ein feuchtwarmes Klima in Schuhen und Socken weiter begünstigt.

Damit es gar nicht erst zu Fußpilz kommt, das Kind frühzeitig an wichtige Vorsorgemaßnahmen gewöhnen:

- Häufig barfuß strampeln oder laufen.
- Die Schuhe häufiger wechseln.
- Baumwollsocken tragen, damit Luft an die Füße kommt.
- Die kochfesten Socken täglich wechseln.

Soor im Mund

Pilze brauchen ein feuchtes, warmes Milieu. Kein Wunder, dass sie sich im Mundbereich wohl fühlen.

Anzeichen: Mundsoor zeigt sich durch eine Rötung und Schwellung der Mundschleimhaut. Auch die Zunge ist befallen. Es bilden sich weiße Beläge und weiße »Stippchen« im Mund, die sich nicht wegwischen lassen. Manchmal sind auch die Mundwinkel betroffen. Der Soor kann so schmerzhaft sein, dass das betroffene Baby kaum noch trinken mag. Übrigens können auch die Brustwarzen der Mutter entzündet sein. (Dass sie selbst infiziert ist und ihr Kind anstecken könnte, merkt sie unter Umständen gar nicht.)

Behandlung: Mit einer Pilzerkrankung immer zum Arzt gehen; er wird versuchen, den Erreger mit Medikamenten in den Griff zu bekommen. Die Pilze, die für Mundsoor verantwortlich sind, können auch einen wunden Po verursachen (siehe Seite 145).

Was tun?

- Viel zu trinken anbieten.
- Fläschchen besonders gründlich säubern, wenn das Baby Flaschennahrung erhält. Neue Sauger und Schnuller verwenden, um eine erneute Ansteckung zu verhindern.
- Wenn das Kind älter ist, Süßigkeiten unter Verschluss halten, denn Zucker gilt als idealer Nährboden für die Vermehrung von Hefepilzen. Diese Lehrmeinung wird allerdings heute zunehmend in Frage gestellt.

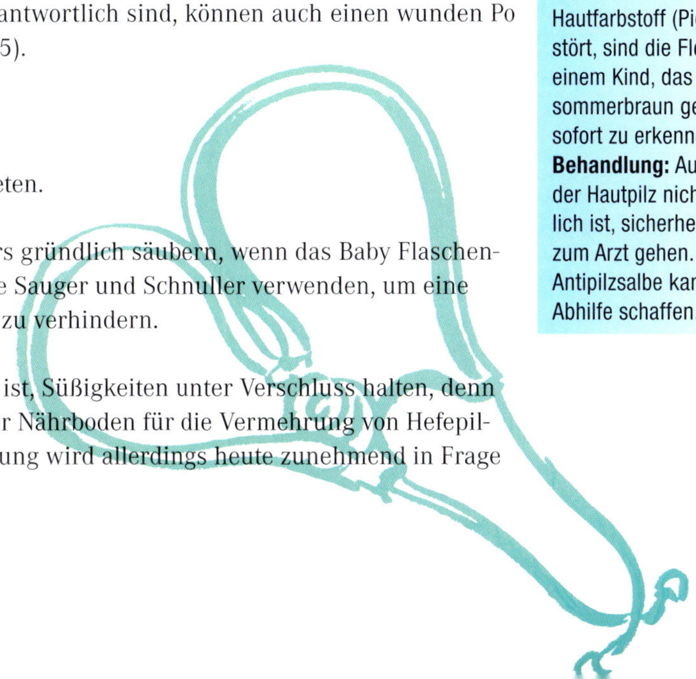

Helle Hautflecken im Sommer

Das Baby thront im Sand, von warmem Meerwasser umspült, und patscht mit Händen und Schaufel in die Matsche. Wunderbar. Nicht nur ein Sommertraum für den Nachwuchs, sondern auch für seine Eltern. Leider kann man sich beim Wasserpatschen eine Infektion einhandeln. Auch in sauberen, gepflegten Gefilden hat sich manches Kind schon einen Hautpilz eingeholt: eine so genannte Kleienflechte.

Anzeichen: helle, leicht schuppende Flecken im Gesicht. Oft machen die Flecken keinerlei Beschwerden, mitunter jucken sie. Es kann einen Fleck in Eurogröße oder mehrere Flecken geben. Da dieser Pilz die Bildung von Hautfarbstoff (Pigment) stört, sind die Flecken bei einem Kind, das sonst sommerbraun gebrannt ist, sofort zu erkennen.

Behandlung: Auch wenn der Hautpilz nicht gefährlich ist, sicherheitshalber zum Arzt gehen. Mit einer Antipilzsalbe kann man Abhilfe schaffen.

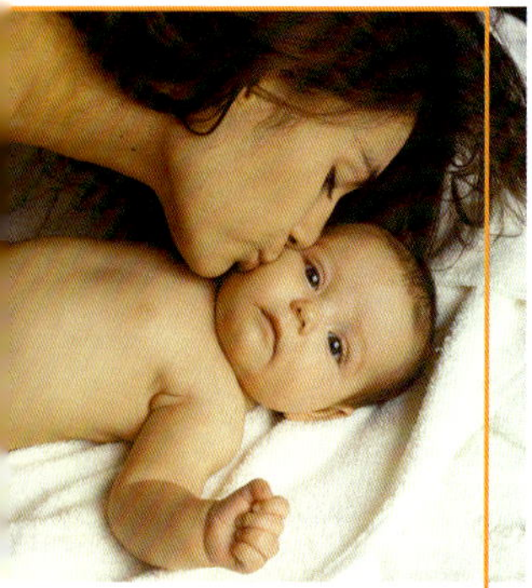

Die empfindliche Babyhaut besonders schützen

Zärtlich drücken Mutter und Vater ihr nacktes Baby an sich, legen es auf ihren nackten Bauch, spüren seine warme, weiche Haut auf der ihren, genießen die Nähe ihres Kindes, versuchen mit ihm im Gleichtakt zu atmen, fühlen, wie das kleine Herz pocht – diese Momente zählen zu den intensivsten. Jeder Körperkontakt wird nicht nur für die seelische und geistige Entwicklung des Babys genutzt, sondern fördert auch die Funktion und Regeneration der Haut, wenn sie gelitten hat.

Ein perfektes Gebilde, aber noch nicht voll funktionsfähig

Die Haut ist das größte Organ, in ihrer Funktion besonders faszinierend

Schon ein acht Wochen alter Embryo reagiert auf Berührung und verschafft sich bald darauf wohlige Gefühle, wenn er am Daumen nuckelt. Die Haut hat viele Funktionen, so schützt sie vor Verletzungen, Krankheitserregern, Kälte und Wärme. Über die Haut wird alles ausgeschieden, was der Körper nicht gebrauchen kann (etwa Gifte, Salze).

Wie ist dieses komplexe Gebilde Haut eigentlich aufgebaut? Sie besteht aus mehreren Schichten und bildet einen etwa einen Zentimeter dicken Schutzwall zwischen innen und außen, zwischen Organismus und Umwelt.

Die erste Schicht bildet die Oberhaut, die wiederum aus verschiedenen Lagen besteht. Nach außen abgegebene, abgestorbene Zellen bilden die Hornschicht, die bei einem Baby noch weich und sehr dünn ist. An vielen Stellen schimmern die bläulichen Adern durch die zarte Babyhaut. In der Oberhaut sitzen ferner Pigmentzellen, die für die Hautfarbe verantwortlich sind.

Als zweite Schicht folgt die Lederhaut. Hier sitzen neben hauchdünnen Blutgefäßen die Tastkörperchen, die feinen Wahrnehmungsinstrumente, die jeden Eindruck an das Gehirn weiterleiten: jeden Schmerz, jeden Druck, jeden Juckreiz. Diese Hautschicht sorgt für Elastizität und Festigkeit, bei einem Baby ist sie noch unvollkommen ausgebildet.

Die dritte Schicht bildet die Unterhaut, die sich direkt an die Lederhaut anschließt. Sie hat größere, bei einem Baby noch dünnwandige Blutgefäße und Nervenstränge; auch die Haarwurzeln, Talg- und Schweißdrüsen befinden sich in der Unterhaut. Hier setzt das Baby mit der Zeit den Speck an, der es vor Kälte schützt.

Die Talg- und Schweißdrüsen sind zu Babyzeiten erst in den Anfängen ihrer Produktion, bilden noch keinen perfekten Schutzfilm aus Fett, Wasser und Schweiß, der sich auf die Haut legt und sie vor schädlichen Keimen, vor Viren, Bakterien und Pilzen bewahrt.

Die Haut: Spiegel der Befindlichkeit

Was uns berührt, geht uns »unter die Haut«. Oder wir »fahren aus der Haut«, wenn wir gereizt werden. »Mit heiler Haut« kommen wir davon, wenn wir bedroht waren. Die Haut braucht Berührung. Zärtlichkeiten sind lebenswichtig (siehe Seite 34). Seelische und körperliche Belastungen zeigen sich beim Baby nicht selten in Hautkrankheiten: in Allergien und Ekzemen. Die Haut kann auch mit Pickelchen und Entzündungen auf Stress reagieren.
Die Haut sagt einiges über das Innenleben, über die Gefühle eines Kindes aus: Sie wird rot, wenn sich das Baby anstrengt. Sie wird blass, wenn das Kind einen Schrecken bekommt.
Geht es dem Baby gut, sieht es in der Regel auch »blühend« aus: Seine Haut ist rosig, gut durchblutet und straff. Fühlt sich ein Kind elend, ist seine Haut eher fahl, matt und schuppig. Eltern, die ihrem Kind Gutes tun wollen, kümmern sich um seine Haut. Sie streicheln und massieren sie nicht nur, sondern pflegen sie auch liebevoll, wenn sie besonders strapaziert oder sehr trocken ist.

Weil diese Hülle bei einem kleinen Kind noch nicht ganz perfekt funktioniert, bedarf die empfindliche Babyhaut einer besonderer Fürsorge und muss vor äußeren Einflüssen geschützt werden.

Mit Ölen die trockene Haut pflegen

Zarte Babyhaut wird mit jedem Lebenstag widerstandsfähiger. Diesen natürlichen »Reife«-Prozess können Eltern mit behutsamer Massage und pflegenden Ölen unterstützen. Regelmäßige Massage mit einem pflanzlichen Öl erhöht, einer deutschen Studie zufolge, die Hautfeuchtigkeit schon nach kurzer Zeit. Die Elastizität der Haut lässt sich auf diese Weise wesentlich steigern – wichtig vor allem bei besonders trockener Haut. Unter extrem trockener Haut, die sich hart anfühlt, leiden heute nicht wenige Babys.
Die Haut sieht bald besser aus und fühlt sich wieder geschmeidig an, wenn sie mit naturreinem, kalt gepresstem Pflanzenöl gepflegt wird, das wichtige Vitamine und ungesättigte Fettsäuren enthält. Diese Öle werden von der Haut besonders gut aufgenommen. Sie wirken regenerierend, spenden – regelmäßig angewandt – genug Feuchtigkeit, sorgen für einen Schutzfilm auf der Haut. Das Öl vor Gebrauch leicht anwärmen. Besonders geeignet sind Süßes Mandelöl, Avocadoöl und Jojobaöl.
Weil manche Babys allergisch auf Naturöle reagieren, vor dem Auftragen ein paar Tropfen Öl in eine Armbeuge geben, dann ein paar Minuten abwarten. Zeigt sich eine Hautreaktion, das Öl keinesfalls benutzen. Ätherische Öle sind häufig zu intensiv für zarte Babyhaut (siehe Seite 60).

Die Wunden mit einer vom Arzt verordneten Tinktur bestreichen, dann geben sich die Beschwerden meist wieder.

Pusteln, Schwellungen und Furunkel: lästige Entzündungen

Wenn Kinder unter kleineren Wunden leiden oder von Insekten gepiesackt werden, dann hat das selten gravierendere Folgen. Meist verschwinden die Quaddeln von allein. Oft braucht die Heilung allerdings Unterstützung.

Faulecken: Wenn die Mundwinkel wehtun

Faulecken sind weißliche, borkige, oft nässende Entzündungsherde – kleine Geschwüre in den Mundwinkeln, an den Ohrläppchen oder in den Zehen- und Fingerspalten, die recht unangenehm, auch schmerzhaft sein können und oft jucken. Erreger sind meist Bakterien, auch Pilze. Manchmal werden Faulecken auch in Zusammenhang mit Anämie gesehen. Mangel an Hygiene, auch erhöhter Speichelfluss kann bei der Entstehung eine Rolle spielen.
Die Wunden verheilen nur langsam, weil kleine Kinder immer wieder mit der Zunge über die wunden Mundwinkel fahren oder kratzen. Bei Faulecken zwischen den Fingern und Zehen wird der Arzt einen Abstrich machen, um den Erreger zu identifizieren, und außerdem Tinkturen verordnen.

Was tun?

- Vor der Pflege die Hände waschen.
- Auf sorgfältige Hygiene achten.
- Gründliches Trockentupfen nicht vergessen.
- Bei Kleinkindern auf vitaminreiche Kost achten.

Furunkel: unangenehm und schmerzhaft

Wenn Bakterien über Schweiß-, Talgdrüsen oder kleine Wunden in die Haut des Säuglings eindringen, kann ein lästiges, schmerzhaftes Furunkel entstehen: eine blaurote, heiße, kleinere oder auch größere Hautschwellung, nicht selten einem größeren Pickel ähnlich, nur in tieferen Hautschichten sitzend. Furunkel bilden sich oft am Po, an den Beinen, im Nacken. Keinesfalls darf das Kind daran kratzen oder herumdrücken! Es besteht sonst die Gefahr, dass die Erreger ins Blut gelangen und dort eine Blutvergiftung auslösen.
Leidet ein kleines Kind unter einem Furunkel, sollte sich der Arzt die

Schwellung anschauen. Vielleicht wird er das Furunkel desinfizieren, aufschneiden und mit einer Antibiotika-haltigen Salbe behandeln. Die meisten Furunkel heilen allerdings von alleine ab. Es kann aber auch zu Komplikationen mit Fieber und starken Schmerzen kommen.

Was tun?

- Viel frische Luft an das Furunkel lassen.
- Auf Sauberkeit achten, besonders wenn ein Furunkel aufgegangen ist. Andernfalls können sich leicht neue Furunkel bilden.
- Mit Kamillentee waschen, das wirkt desinfizierend. Tupfen Sie die entzündliche Region mit entzündungshemmendem, lauwarmem Kamillentee und einem sterilen Taschentuch ab, aber nur nach Rücksprache mit dem Arzt! Das Rezept für den Tee: Auf 5 EL Kamillenblüten einen Liter kochendes Wasser geben, 20 Minuten ziehen und abkühlen lassen.
- Einen Breiumschlag machen, aber nur nach Absprache mit dem Arzt: Rühren Sie Heilerde mit warmem Wasser an, tragen Sie den Brei etwa ½ Zentimeter dick auf, decken Sie ihn mit einem sterilen Tuch ab und umwickeln Sie ihn.

Mundfäule: Vorsicht, ansteckend!

Mundfäule ist eine ansteckende Viruskrankheit, die zu den Herpes-Erkrankungen zählt.
Erste Anzeichen: Fieber, Appetitlosigkeit, oft Erbrechen. Innerhalb kurzer Zeit bilden sich auf der Zunge, am Zahnfleisch und auf der gesamten Mundschleimhaut meist kreisrunde, gelblichweiß belegte, winzige Geschwüre (Aphthen) aus, die platzen und unangenehme Schmerzen verursachen. In der Folge kommt es zu Appetitlosigkeit, oft schwellen Mundschleimhaut und Zahnfleisch an und bluten. Die Bläschen können auch auf Lippen und Nasenlöcher übergreifen.
Behandlung: Der Arzt wird mit entsprechenden Medikamenten helfen.

Was tun?

- Milde, lauwarme Speisen anbieten, wenn das Kind schon am Tisch mitisst. Kein saures Obst – Pudding und Brei sind jetzt gefragt.

Nach dem ersten Geburtstag: Die Krankheiten häufen sich

Das erste Jahr geht in puncto Gesundheit bei den meisten Kindern noch einigermaßen gut über die Bühne. Kleine Babys werden nur selten krank, weil sie gestillt werden und mit dem Nestschutz auf die Welt kommen. Kleinkinder werden schon häufiger krank.
Das zweite Jahr hat es dann richtig in sich. Vor allem im Winter reiht sich bei den Kindern jetzt eine Infektionskrankheit an die andere: Bronchitis, Mittelohrentzündung, Schnupfen, Mundfäule – für Eltern ein Horror, für Kinderärzte kein Grund zur Aufregung, sondern ganz natürlich: Jetzt ist der natürliche Schutz endgültig verbraucht.
Jetzt kommt das Kind häufiger unter die Leute, deshalb erhöht sich die Ansteckungsgefahr, und das bedeutet: Das Kind ist öfter krank.

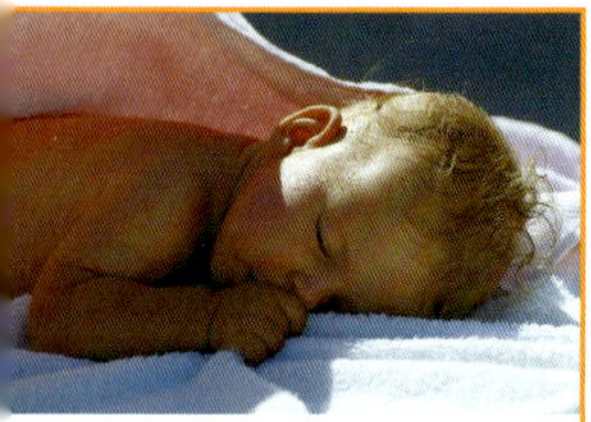

Das große Aufatmen im Frühling : Endlich wieder mehr Sonne, mehr Licht – gesund für Leib und Seele!

Warum Wärme und Liebe gesund halten

Vielen kleinen und großen Leuten macht die graue Zeit im Herbst und Winter zu schaffen. Sie fühlen sich schlapp, müde, lustlos. Oft ist die Stimmung auf dem Nullpunkt – erst recht, wenn zusätzliche Belastungen dazukommen: Das Baby kränkelt, die nächste Erkältung steht schon vor der Tür, oder andere Gesundheitsprobleme häufen sich.

Die wetterbedingte Missstimmung hat ihren Grund: Menschen sind biologisch nicht darauf geeicht, längere Zeit bei künstlichem Licht oder in Dunkelheit zu leben. Der Zusammenhang zwischen schlechter Laune und düsterem Himmel ist für alle offensichtlich, die im Norden leben. Ihre Energie leidet, Müdigkeit und Unlustgefühle machen sich breit.

Wenn sich die Sonne, eine wichtige Quelle für Vitalität, nicht zeigt, dann wirkt sich das negativ auf das Befinden aus. Der jahreszeitlich bedingte Lichtmangel schwächt das Immunsystem, führt bei Erwachsenen bisweilen zur so genannten Winterdepression (SAD: Seasonal Affective Disorder).

Bei Lichtmangel wird nämlich das stimmungsaufhellende Serotonin nicht in ausreichender Menge produziert. Stattdessen bildet sich Melatonin, das müde macht. Wer unter Stress steht, erkrankt eher.

Das beste Antistressprogramm im Winter: es der Natur nachmachen. Nicht mit Volldampf durch die Tage schippern, sondern öfter auf der faulen Haut liegen, ausreichend schlafen, ausreichend kuscheln. Dieses Programm macht es Viren und Bakterien schwer.

Was tun, um aus dem Stimmungstief herauszukommen?

1. Regelmäßig nach draußen gehen. Selbst der wolkenverhangene Winterhimmel ist noch eine wohltuende Lichtquelle. Ein kleines Kind braucht indirektes Sonnenlicht, um sich gesund zu entwickeln. Sein Körper benötigt Vitamin D, um Kalzium für Knochen, Zähne und Haare zu verwerten. Vitamin D kann der Körper nur produzieren, wenn er genug Sonnenlicht bekommt.
   Weil das in unseren Breiten nicht immer der Fall ist, wird Kleinkindern dieses wichtige Vitamin zusätzlich und in der richtigen Dosierung vom Kinderarzt verordnet. Fehlt es, können sie an Rachitis erkranken. Damit erhöht sich auch das Diabetes-Risiko.

2. Ein lichtdurchflutetes Zimmer. Licht versorgt ein Baby mit purer Energie – ein Hochgenuss und ein gesundes Aufputschmittel, wenn die Sonne ins Zimmer scheinen kann. Helligkeit animiert und mobilisiert ein mattes Baby (siehe Seite 120).

Die Natur hilft mit: Die Sonne wirkt Wunder

Mit Beginn des Frühlings hat die triste Stimmung meist ein Ende. Aus dem grauen Himmel wird langsam ein blauer. Die Luft flirrt. Die Wiesen duften nach frischem Gras. Spätestens jetzt erwachen die Lebensgeister wieder: eine Intensivkur für die Gesundheit. Licht und Sauerstoff – diese Mixtur bringt Kreislauf, Immunsystem und Psyche auf Trab. Die Wärme hebt die Stimmung.

Auch ein Baby blüht auf; es nutzt schönes Wetter als Möglichkeit, sich zu regenerieren und neue Kräfte zu tanken. Durch die Wärme werden im Körper Stoffe freigesetzt, die Entspannung und Schlaf positiv beeinflussen – Glückshormone, die das Leben in Pastelltöne tauchen.

Eltern, deren Baby in den Frühling hinein geboren ist, sind fein raus. Sie können die Tage draußen verbringen, aber mit Bedacht, denn die pralle Sonne ist für ein Baby absolut tabu (siehe Seite 156). Doch auch im Schatten lebt es sich gut, wenn die Temperaturen stimmen.

Das süße Leben im Sommer genießen

- Im Schatten liegen und strampeln – ein Fest für jedes Kind, nicht nur gut für seine Haut, sondern für seinen ganzen Körper. Neugeborene sollten dabei noch langärmelige Hemdchen, lange weite Hosen und ein Mützchen mit Krempe als Lichtschutz tragen. Selbst bei hochsommerlichen Temperaturen kann ein kleines Baby schnell auskühlen, wenn es sich nicht bewegt, deshalb sind Söckchen angebracht. Ein fünf, sechs Monate altes Baby kann nackt strampeln. Mit allen Sinnen genießt es die Sommerfreuden: Wunderbar, unter einem Baum zu liegen, dem feinen Rauschen der Zweige zu lauschen und zu beobachten, wie die Blätter im Wind schaukeln. Die Sommermixtur aus Licht, Wärme und Sauerstoff bringt die Lebensgeister in Schwung und tankt den Energiespeicher auf.

- Die Abwehrkräfte sanft stärken. Wenn es heiß ist, lassen Sie das Baby mit einem feuchten, kühlen Waschlappen spielen. Waschen Sie Arme, Hände, Beine, Füße und Rücken mit dem Lappen rasch ab. Der kurze kühle Reiz bringt das Immunsystem auf Trab.

- Erst wenn die Sonne tief steht und gleich verschwindet, mit dem Baby am Strand spielen. Jetzt kann sie seiner empfindlichen Haut nichts mehr anhaben.

Schon im Planschbecken spielen? Nur wenn das Baby schon sicher sitzen kann, darf es für ein Momentchen in ein Planschbecken. Dabei ist zu beachten: Das Kind keine Minute aus den Augen lassen, es muss immer unter Aufsicht stehen. Und es darf nur in warmem Wasser bei einer Temperatur von etwa 37, 38 °C und im Schatten baden.
Abkühlungsbäder in kaltem Wasser sind für ein Baby tabu. Der Grund: Es kann seine Körpertemperatur noch nicht regulieren, würde im Kalten blitzschnell auskühlen. Erst ab dem zweiten Lebensjahr klappt die Regulation.

Mit dem Baby bitte nicht in die pralle Sonne gehen, auch im Schatten für Sonnenschutz sorgen.

Sonnenbrand und Hitzeschäden

Warum ist gerötete Haut ein Thema, warum ist ein Sonnenbrand für ein Baby so besonders schädlich? Ein Sonnenbrand tut erst einmal ziemlich weh, denn zarte Babyhaut reagiert noch viel empfindlicher auf die Sonne als die Haut eines Erwachsenen. Darüber hinaus kann die Sonne die Haut nachhaltig und irreparabel schädigen:

Die besonders intensive UV-B-Strahlung verursacht Verbrennungen und verändert die Hautzellen.

Die UV-A-Strahlen dringen tief in die Haut ein und stören den Feuchtigkeitshaushalt.

Diese Wirkungen können gravierende Spätschäden zur Folge haben, denn mit jedem Sonnenbrand erhöht sich die Gefahr, an Hautkrebs zu erkranken. Bei einem Sonnenbrand im Babyalter nimmt das Hautkrebsrisiko stark zu.

Was tun?

- Sonne vermeiden.
- Bei einer leichteren Rötung die hochempfindliche Haut mit Gurkenscheiben kühlen.
- Feuchte Umschläge mit Essigwasser oder Buttermilch sind eine gute Soforthilfe. Sie kühlen, und die Verdunstungskälte hilft gegen die Rötung und Schwellung.

Schädigung durch Hitze oder Sonne

Wenn ein Baby zu intensiv Wärme und/oder Sonne ausgesetzt ist, kann es zu einer Hitzeschädigung kommen.

Sonnenstich. Scheint die Sonne direkt auf den Kopf des Babys, erhöht sich die Temperatur im Gehirn um 1,5 bis 2,5 °C. Weil Babys und Kleinkinder noch keine oder nur sehr wenige Haare zum Schutz haben, sind sie besonders gefährdet.

Hitzestau. Das Baby ist zu dick angezogen, zu warm in eine Decke eingemummelt – die Haut kann nicht mehr ausreichend Wärme, genügend Schweiß absondern. Nicht selten kommt ein Mangel an Flüssigkeit dazu. Auf diese Weise kann schnell ein ernster, gefährlicher Krankheitszustand entstehen.

Erste Anzeichen: hochroter Kopf, Kopf- und Nackenschmerzen, Schwindel, Übelkeit, Fieber, kühle Haut, Unruhe, Ohrensausen.

Was tun?

- Den Notarzt rufen.
- Das Baby sofort in den Schatten oder besser noch ins Haus in den kühlsten Raum bringen.
- Ausziehen. Das Baby mit lauwarmem Wasser waschen, den Kopf mit feuchten kalten Tüchern kühlen.
- Reichlich zu trinken geben: dünner schwarzer Tee mit etwas Salz.

Der beste Schutz für Sommerbabys

Kommt ein Baby doch einmal in die Sonne, zum Beispiel auf einem kurzen Spaziergang, sollte unbedingt für ausreichenden Sonnenschutz gesorgt sein:

- Sonnenschirm, Sonnenhut – Sonnenschutz muss im Sommer sein. Nicht mit Baby auf dem Arm durchs Wasser waten, denn das Wasser reflektiert die Sonnenstrahlen, und das macht den »Ausflug« doppelt gefährlich.
- Baumwoll- oder Leinenkleidung bremsen das UV-Licht in einem gewissen Rahmen. Es gibt auch spezielle Kleidung mit künstlich reduzierter UV-Durchlässigkeit. Die ganze Haut sollte bedeckt sein. Ein Tipp: Das Baby nie wärmer anziehen als sich selbst. Solange sich die Haut des Babys im Nacken angenehm warm anfühlt, ist alles in Ordnung.
- Sonnenschutzcreme ist für empfindliche Säuglingshaut ungeeignet. Die darin enthaltenen Stoffe können in die zarte Haut eindringen und zu Irritationen führen. Für etwas ältere Kinder: Eine Sonnenschutzcreme mit einem hohem Lichtschutzfaktor (25 und mehr) nehmen, der nicht nur vor UV-B-Strahlen schützt, sondern auch vor UV-A-Strahlen. Immer eine halbe Stunde vor dem Rausgehen eincremen – auch wenn sich das Kind im Schatten aufhält.
- Sonnenbrillen müssen für Babys nicht sein. Kommen sie doch für einen Moment in grelle Sonne, kneifen sie die Augen reflexartig zu.
- Vorsicht beim Autofahren. Autos können im Hochsommer reine Brutkästen sein. Deshalb darf ein Baby keinesfalls, nicht einmal für ein paar Minuten, in einem Wagen bleiben, auf den die Sonne knallt.
- Auch Schatten bietet keinen völligen Schutz. So hält ein Sonnenschirm zum Beispiel längst nicht alle gefährlichen Strahlen ab.
- Verzicht auf Mittagshitze. Mit einem Baby in heißen Gefilden lieber in der Frühe oder gegen Abend nach draußen gehen.
- Viel ungesüßten Tee zu trinken anbieten.

Lästige Stiche und Bisse

Insekten und anderes Getier stechen oder beißen leider oft zu.

- Ein Zeckenbiss bleibt oft unbemerkt, weil die Tierchen zuerst winzig klein sind und ihr Speichel die Haut beim Zustechen betäubt. Man fängt sich die Biester an Gräsern und niedrigen Zweigen ein. Deshalb nach einem Waldspaziergang stets nach Zecken Ausschau halten.
  Die Zecke mit einer Pinzette entfernen. Niemals mit Öl, Nagellack oder Klebstoff bearbeiten. Bleibt ein Teil der Zecke in der Haut stecken, muss der Rest vom Arzt entfernt werden.
  Zecken sind so gefährlich, weil sie Krankheiten übertragen können: zum einen die Borreliose, eine schmerzhafte, chronische Entzündung von Nerven und Gelenken, zum anderen die Frühsommer-Meningoenzephalitis (FSME), gegen die man später impfen kann. Verändert sich die Einstichstelle oder wird das Kind krank, erneut zum Arzt gehen.
- Ein Bienen-, Wespen- oder Hornissenstich kann eine überempfindliche oder allergische Reaktion hervorrufen. Die Haut wird heiß und schwillt, hinzu können Übelkeit, Schwindel oder Kreislaufprobleme kommen. Besonders gefährlich sind Stiche im Rachenbereich (Erstickungsgefahr!). In diesem Fall sofort mit dem Kind zum Arzt oder den Rettungsdienst alarmieren.

Das Baby vor Insekten schützen – wie denn?

- Ein Moskitonetz über Bett und Kinderwagen hängen.
- Nicht neben einem Bach oder Tümpel campieren, denn wo Wasser ist, gibt es viele Insekten.
- Keine bunten, gemusterten Stoffe anziehen. Sie werden von Insekten für Blumen gehalten.
- Nichts Süßes in Babynähe essen. Denn alles, was süß ist, zieht Insekten magisch an, auch Babynahrung.

Was tun bei harmloseren Stichen?

- Den Stich mit Eiswürfeln oder mit einem kalten, feuchten Waschlappen kühlen.
- Entzündungshemmendes und Juckreiz linderndes Gel aus der Apotheke auftragen.
- Eine Scheibe einer frischen Zwiebel auf die Einstichstelle legen. Der Zwiebelsaft lindert den Schmerz und hilft gegen die Schwellung. Auch Zitronensaft hilft.
- Blätter von Spitz- oder Breitwegerich zerreiben und den Saft auftragen (im Wald).
- Die Einstichstelle mit Essig abreiben. Hilft bei Bienen- und Wespenstichen.
- Eine Kompresse mit Heilerde hilft gegen die Schwellung. Die Heilerde mit kaltem Wasser anrühren, den Brei auf die Einstichstelle streichen, eine Kompresse auflegen, befestigen.
- Kieselerde-Gel oder Teebaumöl hilft gegen Juckreiz.

Wenn der Bewegungsapparat Beschwerden macht

und was Eltern tun können

Alle Jahre wieder werden Statistiken darüber veröffentlicht, dass die Kinder von heute schlaff und lahm sind, langsamer vom Hocker kommen als die Generationen vor ihnen. Nur selten sind Krankheiten Ursache des Bewegungsmangels, häufiger seelische Blockaden. Viele Kinder trauen sich nichts zu. Schon im Babyalter mangelt es ihnen an Übung.

Deshalb so wichtig: Ausreichender Spielraum, viele Möglichkeiten, den Bewegungsapparat zu trainieren, damit er gesund bleibt und Schäden auf Dauer vermieden werden.

Die Hüfte: ein Schwachpunkt bei vielen Babys

Manchmal werden Eltern bei einer Vorsorgeuntersuchung vom Kinderarzt mit dem Hinweis entlassen, eigentlich sei alles in Ordnung mit den Hüftgelenken ihres Sprösslings, er wolle sich die Entwicklung der Gelenke in einigen Wochen aber noch einmal genauer anschauen. Weil die Hüftgelenke in den ersten Wochen noch weich und formbar sind, besteht in Grenzfällen manchmal die Sorge, die Hüfte könne noch Schaden nehmen. Deshalb rät der Arzt zu Vorsorgemaßnahmen.

Wer sein Baby mit gespreizten Beinen im Tragetuch mit sich herumträgt, fördert nicht nur die gegenseitige Bindung, sondern beugt womöglich auch Hüftproblemen vor.

Was tun?

- Das Baby oft auf den Rücken legen, damit es ordentlich strampeln kann. Das Spreizen der Beine ist gesund für die Hüfte.
- Das Baby auf Mutters Hüfte setzen. Kinder, die von ihren Müttern viel herumgetragen werden, mit gespreizten Beinen auf der Hüfte oder im Tuch sitzen, haben seltener Hüftprobleme.
- Das Baby breit wickeln. Es gibt zwei Möglichkeiten: Entweder nach dem normalen Wickeln eine zweite Windel quer zwischen die Oberschenkel legen und dann eine Hose darüber ziehen. Manchmal scheuert die Windel die Schenkel allerdings wund.
  Oder die Strampelhose über die erste Windel ziehen. Die zweite Windel dann quer zwischen die Oberschenkel legen und ein zweites Höschen überziehen, damit die Sache hält.

Wenn das Baby unter einer Hüftdysplasie leidet

Nicht mehr Vorsorge, sondern Therapie bedeutet das breite Wickeln für ein Kind, das mit einer Hüftdysplasie geboren wurde. Das bedeutet: Sein Hüftgelenk ist noch nicht so weit entwickelt, wie es sollte. Hüftdysplasie ist die angeborene Fehlstellung eines Hüftgelenks oder beider Hüftgelenke: Die Hüftpfanne ist so flach geformt, dass der Oberschenkelkopf gegen die Pfanne stößt. Zwei bis vier Prozent aller Kinder sind betroffen, Mädchen häufiger als Jungen.

Ursache: Bei einer Hüftdysplasie können sowohl erbliche Faktoren wie auch eine Beckenendlage des Babys eine Rolle spielen. Sind in den Familien der jungen Eltern Hüfterkrankungen bekannt, sollten sie den Kinderarzt schon in der Entbindungsklinik oder bei den ersten Vorsorgeuntersuchungen auf eine eventuelle erbliche Vorbelastung hinweisen, denn erstaunlicherweise kommt es immer noch vor, dass Hüftgelenksstörungen lange unentdeckt bleiben. Normalerweise schaut sich der Arzt bei der Vorsorgeuntersuchung (U3) per Ultraschall die Hüftgelenke an. Unabhängig vom Untersuchungsergebnis zwei Beobachtungen, die Eltern stutzig machen sollten:

- Unterschiedliche Falten rechts und links am Oberschenkel oder am Po.
- Das Spreizen der Beine macht beim Wickeln Schwierigkeiten.

Eine Hüftdysplasie heilt nicht von selbst. Unbehandelt drohen später bei einer dauerhaften Fehlbelastung schmerzhafte Gelenkentzündungen (Arthritis), Störungen beim Gehen, vorzeitige Verschleißerscheinungen (Arthrose), eine spätere Operation.

Was bedeutet eine Hüftluxation?

Sitzt der Hüftkopf nicht in der Hüftpfanne, wird von einer Hüftluxation gesprochen. Die Behandlung ist komplizierter. Bei einer Operation wird der Kopf in die Pfanne gebracht. Anschließend muss das Baby einen Gips tragen.

Die Spreizhose: kein Grund für schlechte Laune

Wird die Störung frühzeitig erkannt, lässt sie sich gut behandeln. Meist reicht das breite Wickeln bei einer Hüftdysplasie als Maßnahme nicht aus. Dem Baby wird dann oft eine Spreizhose verordnet – eine Apparatur, die die Beine gespreizt hält und die sich ohne Probleme an- und ausziehen lässt. Die Spreizhose wird über Windel und Strampler, meist Tag und Nacht getragen. Sie entlastet das Hüftgelenk. Das noch nicht optimal ausgebildete Gelenkteil kann auf diese Weise nachreifen. Neben der Spreizhose gibt es noch andere Behandlungsmethoden, die aber seltener angewandt werden. Falls der erwünschte Behandlungserfolg nicht eintritt, rät der Arzt meist zu einer Gipsschale. Die Spreizhose ist den wenigsten Kindern ein Graus. Sie gewöhnen sich schnell daran. Den Eltern macht sie oft mehr zu schaffen. Meist hat die Behandlung nach etwa acht Wochen ein Ende.

Was tun?

Nicht zu viel Mitleid zeigen. Natürlich muss sich das kleine Wesen erst an diesen seltsamen Apparat zwischen seinen Beinen gewöhnen und ist deshalb zu Beginn der Prozedur vielleicht gereizt und unzufrieden. Steigen die Eltern darauf intensiv ein, nehmen sie die Spreizhose aus Mitleid häufiger ab, gewöhnt sich das Baby erst recht nicht an sein »Geschirr«. Deshalb möglichst kein Thema aus der Prozedur machen, wenn sie aus medizinischer Sicht sein muss.

Die positiven Signale eines freundlichen Lächelns oder eines herzlichen Lachens verstehen Babys schon sehr früh.

Warum Lachen und Schäkern gesund halten

Das Baby lacht sich schlapp, die Eltern kringeln sich vor Vergnügen. Wenn das Herz hüpft, die Tränen kullern und der Bauch schon fast wehtut vor Lachen, dann ist die Freude riesengroß, denn Lachen ist ein wunderbares Genussmittel.

Nichts ist schöner, heilsamer, bekömmlicher als ein gemeinsamer Lachkoller: ein Gesundbrunnen der feinsten Güte. Das gemeinsame Lachen ist ein dickes Plus im Familienleben. Es schweißt zusammen, hilft Klippen zu umschiffen, entschärft Sorgen, lässt Nöte schrumpfen, jedenfalls für kurze Momente.

Pingpongspiel mit den Augen

Wer über sich selbst, wer mit anderen lachen kann, gewinnt Abstand zum Alltag. Die gute Laune steckt an. Wer sein Baby anlacht, bekommt schon bald ein Lachen zurück. Es entspinnt sich ein feines Pingpongspiel. Mutter gibt den Ton an: Mal lacht sie leise oder tief aus dem Bauch heraus, dann laut und schallend. Ihr Kind guckt neugierig, gluckst dann mit. Selbst ein aufgesetztes, nicht ganz echtes Lachen provoziert gute Laune. Selbst ein Lächeln, ein viel feineres Instrument als ein breites Lachen, zeigt Wirkung. Immer antwortet das Baby, sobald es richtig lachen kann.

In einer freundlichen, spielerischen Atmosphäre, durch häufiges gemeinsames Lachen geprägt, verkraftet ein Kind körperliche und seelische Belastungen eher als in einer weniger verspielten Umgebung.

Warum ist Lachen so gesund?

Lachen versetzt den Körper in einen positiven Stresszustand. Es ...

- ... erfasst alle Muskeln, ist das beste Training für den gesamten Körper.
- ... regt den Blutkreislauf und die Atmung an, versorgt den Körper zusätzlich mit Sauerstoff.
- ... blockiert unsere Ängste und Unsicherheiten, verbessert unsere Laune durch Freisetzen von Endorphinen.
- ... stärkt das Immunsystem, indem es die Bildung von Antikörpern erhöht.

Wer lacht, egal ob er vier Monate alt oder ein paar Jahrzehnte älter ist, schafft damit ein Gegengewicht zu Stress und Frust. Lachen fröhliche, vertrauten Menschen miteinander, dann ist das Balsam für die Seele. Der Grund: Das Lachen setzt Endorphine frei – natürliche Stimmungsaufheller des Körpers. Außerdem hemmt das Lachen die Ausschüttung von Stresshormonen und erhöht die Zahl der Killer-Helferzellen im Körper. Im Blut von Menschen, die ihre alltäglichen Schwierigkeiten mit Humor bewältigen, ist die Zahl der Antikörper dauerhaft höher.

Das beste an dem »Heilmittel« Lachen: Das pure Vergnügen lässt sich mit kleinen Gesten und Gute-Laune-Spielen »anzünden« und verführt jedes Baby zum Mitmachen. Mütter und Väter werden nicht müde, ihr Kind mit viel Hokuspokus zum Lachen zu bringen. Quietscht es vor Begeisterung, lacht es sich schief, dann ist das die schönste Belohnung für Eltern und ein Grund, den Spaß umgehend zu wiederholen – unmerklich genau das zu tun, was das Baby will, denn kleine Kinder brauchen die doppelte Zuwendung beim Gesundwerden und lieben Gewohnheiten (siehe Seite 104).

Zusammen lachen

Sechs Gute-Laune-Spiele, die entspannen und einfach Spaß machen:

- Kitzelspiel. Sie kitzeln Ihr Baby sanft und vorsichtig in den Händen. Später etwas kräftiger. Wenn der Reiz zu intensiv wird, das Spiel bitte beenden.
- »Froh zu sein bedarf es wenig, und wer froh ist, ist ein König.« Sie singen das Lied in ganz unterschiedlichen Tonlagen, machen daraus fröhliches Theater.
- Prusten. Sie beginnen zu prusten und zu kichern, zu grinsen und zu strahlen und warten, wie das Baby darauf reagiert: Macht es mit? Kann es die Eltern schon nachahmen?
- So tun als ob. So tun als ob Papas großer, breiter Mund gleich den Babyarm anknabbern oder den Babyfuß verschlingen möchte.
- Kribbelkrabbel. Mit den Fingern über den nackten Babybauch nach oben krabbeln.
- Trompete spielen. Prustegeräusche auf der nackten Babyhaut entstehen lassen.

Das Engelslächeln: geschickter Schachzug der Natur

Kaum ist das Baby auf der Welt, huscht manchmal schon ein erstes Lächeln über sein Gesicht – so lieblich und zart, dass sich die Eltern auf der Stelle unsterblich in ihren kleinen Engel verlieben. Dass dieses Engelslächeln keine Antwort auf Mamas und Papas verzücktes Staunen, kein seelenvoller Ausdruck ist, sondern »nur« ein Reflex – die unteren Gesichtsmuskeln verziehen sich –, das stört keinen. Deshalb ist das Engelslächeln ein genialer Schachzug der Natur, denn es bindet die Eltern fest an ihr Kind: diesem unwiderstehlichen, scheuen Lächeln sind sie sofort verfallen. Das »richtige« Lächeln, bei dem die Augen glitzern und bedeuten: »Ich kenn euch! Ich mag euch!«, zeigt sich erst vier, sechs Wochen später. Dann beginnt das Baby zu strahlen, wenn der Papa zur Tür hereinspaziert oder die Oma kommt.

Auch kleine Füße wollen gut behandelt und gepflegt werden.

Wirklich gut zu Fuß?

Babyfüße sind zum Knuddeln niedlich: weiche Polster, zum Streicheln schön und ziemlich platt, jedenfalls sieht das auf den ersten Blick so aus. Es stimmt aber nicht, dass Babys Plattfüße haben. Zwar ist von einem Fußgewölbe nichts zu sehen, in Ansätzen ist es aber trotzdem vorhanden: unter Fettpölsterchen versteckt. Erst im zweiten Lebensjahr bildet sich das Fußgewölbe deutlicher heraus.

Füße müssen gepflegt werden, denn sie sind unser Fundament: die Stütze des Ganzen. Auf sie kommen wichtige Aufgaben zu, sie müssen stehen, tanzen, rennen, hüpfen... Lernt der Wicht stehen und laufen, müssen die Füße mitspielen, für die rechte Balance sorgen und die Wirbelsäule entlasten.

Die Füße bestimmen mit, ob sich ein Kind linkisch wie ein Tollpatsch oder graziös wie ein Feenwesen bewegt. Klappt das Zusammenspiel zwischen den Muskeln, Bändern, Knochen nicht perfekt, bleibt das Stehen und Laufen eine wackelige Angelegenheit – langfristig sind damit Haltungsschäden vorprogrammiert.

Das Gros der erwachsenen Deutschen ist fußkrank. Manche dieser Krankheiten nehmen ihren Anfang schon im Babyalter. Sichel-, Senk-, Spreiz-, Hohlfüße sind typische Fehlstellungen und Fehlhaltungen. Ärzte beklagen den Bewegungsmangel von Kindern und die daraus entstehenden Haltungsschäden, auch die Schäden der Füße.

Um gesund zu bleiben, müssen sich die Füße bewegen: abrollen, krümmen, strecken, tasten, greifen, nicht nur laufen. Das Gesundheitstraining für die Füße sollte schon im Babyalter beginnen.

Was tun?

- Möglichst viel barfuß laufen lassen. Das Zusammenspiel von Fußknochen, Muskeln und Bändern wird am besten trainiert, wenn die Füße viel Freiraum haben.
  Da ein Baby noch nicht über Stock und Steine geht, brauchen seine Füße nur selten Schuhe als Schutz vor Verletzungen. Strümpfe müssen allerdings oft sein, damit die Füße nicht kalt werden.

- Fußgymnastik machen. Dafür eignen sich Kitzelspiele: Die Fußsohle mit lauwarmem Wasser aus einem Sprüher besprenkeln.

- Ölmassage: Kalte Füße schwächen das Immunsystem. Damit die Füße warm bleiben, helfen Massagen mit vorgewärmtem Calendulaöl. Die Massage regt die Durchblutung an.

- Das Schwitzen verhindern. Im Sommer schwitzen viele kleine Kinder an Händen und Füßen. Schon im Babyalter kann sich eine Veranlagung zu Schweißfüßen zeigen. Wie lässt sich das verhindern? Die Füße regelmäßig mit Wasser und einem Schuss Babyseife waschen: erst warm, dann kalt. Die Füße gründlich abtrocknen, vor allem zwischen den Zehen. Eventuell trockenföhnen. Täglich die Socken wechseln. Nur Socken aus Naturmaterialien kaufen. Möglichst bei 60 °C waschen. Keine Zusatzpräparate verwenden wie Desinfektionsmittel oder Schweißpuder: Sie sind viel zu intensiv für empfindliche Babyhaut.

- Gute Kinderschuhe kaufen, wenn das Baby auf und davon läuft. Die Schuhe sollten besonders weich und biegsam sein, die Füße nicht einengen.
  Gesunde Füße bleiben nur gesund, wenn sich die Schuhe allen Fußbewegungen anpassen. Sind die Schuhe zu kurz, zu hart, zu weit, dann ist die Beweglichkeit der Füße eingeschränkt, und das wird sich auf Dauer negativ auswirken. Leider kaufen viele Eltern die falschen und vor allem zu kleine Schuhe für ihr Kind.
  Ein paar wichtige Kriterien: Die Länge und die Weite der Schuhe müssen stimmen. Schuhe zum Wechseln sind wichtig; können Schuhe nicht gründlich auslüften, erhöht sich die Fußpilzgefahr (siehe Seite 148).

Die geraden Beine kommen später!

Die Beinstellung von Babys und Kleinkindern bleibt in den ersten Jahren nicht so, wie sie ist, sondern verändert sich:

- O-Beine. Die ersten Schritte haben es in sich: o-beinig, leicht schwankend wie ein Seebär oder ein Cowboy tut ein Baby seine ersten Schritte. Der Grund: Auf O-Beinen steht sich's fester. Man kippt nicht so schnell um. Ist das Laufen dann zur Selbstverständlichkeit geworden, gleicht sich die Haltung aus. Das Pendel schlägt zur anderen Seite hin: Aus dem O wird ein X. Mit der Zeit gibt sich das Thema O-Beine also meistens von allein.
- X-Beine. Im zweiten Lebensjahr stolpert ein Kind gerne über seinen großen Onkel, läuft jetzt mit leicht nach innen gedrehten Beinen und Füßen ziemlich x-beinig durchs Leben. Meistens ebenfalls harmlos – kein Grund, sich große Gedanken zu machen. Nur bei einem geringen Prozentsatz der Kinder haben X-Beine einen krankhaften Hintergrund. So können sie beispielsweise auf Muskelstörungen hinweisen.

Auf Dauer werden die Beine meist schön gerade. Deshalb brauchen Kinder nur selten eine Behandlung.

Turnen: die Lebensgeister wecken

Ein Neugeborenes ist extrem elastisch. Arme, Beine – alles ist noch geschmeidig und sehr weich. Die Muskeln sind kraftlos, die Gelenke biegsam, die Bänder locker. Da ein Baby gelenkig wie ein Schlangenmensch ist, kommen Verletzungen nur selten vor.
Es dauert Wochen, bis sich dieser kleine, weiche Körper stabilisiert. Vom ersten Lebenstag an arbeitet das Baby darauf hin und beginnt zu trainieren. Es bewegt seine Hände, Arme, Beine, seinen Kopf. Mit jedem Tag wird es lebhafter, mit jeder Woche wird das Strampeln mit den Beinen, das Rudern mit den Armen deutlicher und kräftiger.
Das intensive Training zeigt bald Wirkung: Der schlaffe kleine Körper strafft sich. Der Kopf wird mehr und mehr gehalten. Die Muskeln werden kräftiger, die Gelenke steifer, die Bänder fester.
Der Countdown läuft. Irgendwann wird es so weit sein: Das Baby kann sich in Bewegung setzen: Es rollt durchs Zimmer, robbt, krabbelt, läuft. Waren die Bewegungen zu Beginn seines Lebens noch ungezielt und fahrig, läuft nach und nach alles nach Plan: Der Daumen findet den Mund, die Hand greift das Spielzeug.

Viele Kinder leiden heute unter Bewegungsmangel und Bewegungsunlust; umso wichtiger, sie möglichst frühzeitig auf Trab zu bringen und die Freude an Bewegung zu wecken.

Turnen macht gute Laune

Die meisten Babys sind begeisterte Turner, denn ihr Bewegungsdrang ist groß. Bekommt ein Kind viele Anregungen, hat es seinen Spaß mit Mama oder Papa, dann ist das ein Riesenerfolgserlebnis für alle, viel mehr als reines Bewegungstraining: Es hilft Mutter und Kind, sich zu entspannen. Die Turnerei ...

- ... stärkt das Selbstbewusstsein des Babys, das sich an seinen Bewegungen und seinem Können erfreut,
- ... stärkt auch das Selbstbewusstsein der Eltern, die lernen, zupackend und unverkrampft mit ihrem Kind umzugehen.

Beim Turnen können Mutter und Kind kleinere Nöte und Sorgen vergessen. Wenn das Baby mit Feuereifer bei der Sache ist und vor Vergnügen juchzt, wenn es Mamas Kopf als Rutsche benutzt oder Papas Beine als Wippe, dann verziehen sich graue Wolken, Stimmungstiefs oder gesundheitliche Nöte; stattdessen kommt Farbe ins Leben: Freude und Optimismus – positive Gefühle, die Mutter und Kind aufbauen. Einige Anregungen dazu, geeignet für Babys ab dem sechsten Lebensmonat:

- Radeln. Das Baby liegt rücklings auf Mamas Oberschenkeln, der Kopf ruht auf ihren Knien. Die Babybeine festhalten, dann vorsichtig und abwechselnd strecken und abknicken. Die Beine »radeln« in der Luft.
- Koppheister. Mama sitzt auf dem Boden. Das Baby liegt auf ihrem Kopf wie auf einem Ball. Den Turner gut festhalten. Er dreht sich mit nach rechts oder links, wenn sich der Kopf behutsam hin- und herdreht.
- Brücke. Das Baby steht auf dem Kopf, Beine abgeknickt. Es dabei gut festhalten, damit es nicht umkippt.
- Wippe. Mama sitzt mit angezogenen Beinen am Boden. Das Baby an beiden Händen festhalten und auf die Unterschenkel legen. Die Beine dann anheben, mit den Unterschenkeln auf und nieder wippen. Das Baby mitwippen lassen – erst langsam, dann schneller, wie es mag.
- Hindernisse. Dem Baby, das gerade zu einer Krabbeltour starten will, Wälle aus Kissen und Decken in den Weg legen – lauter Mauern bauen, die es umgehen oder überwinden kann.
- Flieger. Das Baby in die Luft werfen, dann mit gestreckten Armen wieder auffangen und mit ihm in den Armen im Kreise herumwirbeln.
- Krabbeltour. Um die Wette quer durchs Zimmer krabbeln und das Baby bei der Krabbeltour gewinnen lassen.
- Rolle. Rücklings auf dem Boden liegen mit Baby auf dem Bauch. Erst zur rechten Seite rollen, dann zur linken, das Baby gut festhalten und die Bewegungen mitmachen lassen. Das Kind erst in Rückenlage auf den Bauch legen, dann in Bauchlage.

Bewegungsspiele sollen Spaß machen. Wenn das Baby ausgeschlafen ist, hat es sicherlich das größte Vergnügen daran. Ein müdes Kind hat keine Lust auf Kopfstand. Es wird schnell quengelig und zeigt damit deutlich: »Es reicht!« Bitte kein festes Programm vorgeben, sondern das Baby bestimmen lassen, was nach seinem Gusto ist und was nicht.

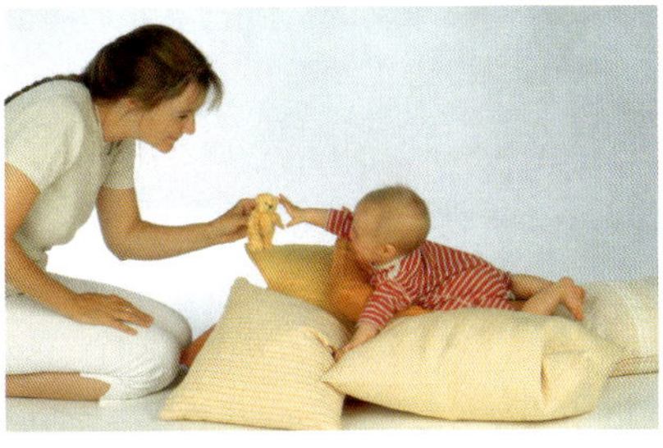

Warum sich die Kopfform im ersten Jahr noch verändert

Schmal und lang gestreckt oder kugelrund – kein Babykopf gleicht dem anderen. Ein Lieblingsspiel aller jungen Eltern: Ähnlichkeiten entdecken. Ist der Kopf nicht genau wie der von Opa? Egal, woher das Baby seine Kopfform hat, viel wichtiger ist, dass alles mit dem Köpfchen in Ordnung und es hübsch anzuschauen ist.
Bei einem Winzling nimmt der Kopf etwa ein Viertel der Gesamtlänge in Anspruch und scheint »ohne Hals« gleich auf den Schultern zu sitzen. Manchmal ist er zuerst reichlich schief und verbeult oder in die Länge gezogen. Verursacht werden diese Verformungen durch den Druck während der Geburt. Im Laufe des ersten Lebensjahres bilden sie sich zurück.

Die Fontanelle

Die Schädelknochen sind noch nicht zusammengewachsen. Die Gründe: Sie müssen dem Druck während der Geburt nachgeben und sich dem rasch wachsenden Gehirn – es verdoppelt seine Größe im ersten Lebensjahr – anpassen können. Die weichen Stellen zwischen den Schädelknochen werden als Fontanellen bezeichnet. Sie gleichen Stoßdämpfern, die bei einer Erschütterung nachgeben.

- Die kleine Fontanelle sitzt am Hinterkopf und wächst nach etwa vier bis acht Monaten zu.
- Die große Fontanelle sitzt oberhalb der Stirn und schließt sich spätestens nach 18 Monaten. Sie wirkt sehr verletzlich, weil man in ihr den Pulsschlag sieht. Die Blutgefäße liegen aber tief genug und können bei einem gewöhnlichen Sturz nicht verletzt werden.

Wie können Eltern die Kopfform beeinflussen?

Das Köpfchen ist empfindlich, die Knochen sind noch weich – in den ersten Monaten, solange die Fontanellen noch nicht geschlossen sind, kann der Babykopf nicht nur wachsen, sondern auch seine Form verändern – dies hängt auch davon ab, wie das Baby gebettet wird. In Form bleibt der Kopf am ehesten, wenn Eltern ihr Baby nicht nur in Rückenlage ins Bett legen, sondern abwechselnd auf die rechte und die linke Seite. Eine Handtuchrolle im Rücken verhindert, dass das Kind wieder auf den Rücken rollt.
Nur tagsüber zum Spielen sollte das Baby auf dem Bauch liegen. Keinesfalls sollte das Baby nachts in Bauchlage schlafen: Das Risiko, den plötzlichen Kindstod zu erleiden, wird dadurch erhöht!
Ist der Kopf deutlich verformt, kontrolliert der Arzt nicht nur das Wachstum des Kopfes, sondern prüft, ob Muskelprobleme eine einseitige Kopfhaltung auslösen.

Alte und neue Kinderkrankheiten

und was Eltern tun können

Viele der klassischen Kinderkrankheiten wie Masern und Mumps sind dank der Schutzimpfung fast verschwunden – glücklicherweise. Trotzdem sind Kinder so häufig krank wie eh und je, sie leiden nur unter anderen Krankheiten als früher.

Heutzutage haben es die Ärzte häufiger mit Allergien zu tun – Gesundheitsstörungen, die kaum mit Medikamenten zu heilen sind.

Allergien sind heute das große Thema. Auch viele Babys leiden schon darunter.

Allergien: Wenn das Immunsystem falsch reagiert

Wenn die Haut plötzlich »blüht« oder sich aus heiterem Himmel ein Schnupfen anmeldet, steckt oft eine Allergie dahinter. Jedes vierte Kind leidet heute darunter. Pollen lassen seine Nase zuschwellen, seine Augen tränen. Wald und Wiese – eigentlich Bereiche zum Wohlfühlen – werden zur Strapaze. Selbst zu Hause ist das Leben oft reglementiert, denn auch auf Nüsse oder den Kot von Hausstaubmilben, auf Hundehaare oder Sporen von Schimmelpilzen, auf Putzmittel oder Medikamente reagiert ein Kind allergisch.
Die Liste an Stoffen, die Allergien auslösen können, ist lang. Heuschnupfen, Asthma, Neurodermitis, Lebensmittelallergie – ganz verschiedene Allergien machen den Kindern heute zu schaffen.
Der Grund liegt in einer Überempfindlichkeit gegen eine oder mehrere Substanzen: Das kindliche Immunsystem ist auf diese Substanzen aus der Umwelt sensibilisiert und reagiert entsprechend darauf: oft mit harmlosen Symptomen wie zum Beispiel Schnupfen, manchmal aber auch in lebensbedrohlicher Form mit schwerer Atemnot.
Anzeichen: Eine Allergie kann sich auf unterschiedliche Art und Weise zeigen. Die häufigsten Hinweise darauf sind:

- Hautjucken, Ausschlag
- Atemnot
- Schnupfen, Husten

Ursachen: Warum spielt das Immunsystem bei bestimmten Stoffen verrückt, warum erkranken so viele Kinder? Die Frage lässt sich heute noch nicht eindeutig beantworten. Auch zahllose Untersuchungen konnten das Rätsel bislang nicht endgültig lösen. Eine mögliche Erklärung ist, dass das kindliche Immunsystem nicht mehr ausreichend trainiert ist.
Kinder kommen heute viel seltener mit ganz normalen Krankheitserregern in Kontakt als früher. Der Grund: Sie leben oft in fast klinisch reinen Wohnungen, kommen als Einzelkinder in den ersten Lebensjahren vielleicht seltener unter die Leute als in früheren Zeiten. Hinweise, die diese Meinung unterstützen: Kinder, die zusammen mit anderen Kindern und auf dem Land aufwachsen, die mit vielen verschiedenen Keimen in Berührung kommen, leiden seltener unter Allergien als Stadtkinder. Es häufen sich also die Anzeichen, dass Allergien viel mit unserem Lebensstil zu tun haben.

Die Vermutung, dass unser Immunsystem die unzähligen neuen Stoffe in unserer Umwelt nicht mehr verkraftet und deshalb quer schießt, ist heute kaum noch im Gespräch. Eines aber weiß man sicher: Die Bereitschaft des Immunsystems, überempfindlich zu reagieren, wird vererbt. Sind beide Eltern Allergiker, liegt bei ihrem Sohn oder ihrer Tochter das Risiko, ebenfalls an einer Allergie zu erkranken, bei bis zu 60 Prozent; nicht selten leidet ein Kind gleichzeitig an mehreren Allergien.

Diagnose: Bei einem Allergie-Kind muss der Arzt herausfinden, welcher Stoff die Krankheit ausgelöst hat. Bei einem Baby ist die Diagnose meist einfacher, weil es mit weit weniger Stoffen in Berührung kommt als ein älteres Kind. Ein Beispiel: Wird erst die Breikost, dann langsam Schritt für Schritt die ganz normale Familienkost eingeführt, fällt es nicht schwer, den Auslöser auszumachen, wenn sich die Anzeichen einer Lebensmittelallergie mehren: War es der erste Nusskuchen, das erste Vollkornbrot oder das erste weich gekochte Ei?

Schwieriger wird die Sache, wenn verschiedene Allergien gleichzeitig auftreten. Mit Hilfe von Hauttests und Blutuntersuchungen versucht der Arzt, den Stoff aufzuspüren, der die Allergie verursacht – zum Beispiel bei einer Überempfindlichkeit gegen bestimmte Nahrungsmittel. Mehr Informationen über verschiedene Allergien und den Umgang mit diesen Krankheiten finden Sie auf den Seiten 174 bis 179.

Unverträglichkeiten: nicht zu verwechseln mit Allergien

Milch ist für Babys und Kleinkinder unentbehrlich: das wichtigste Nahrungsmittel. Leider verträgt sie nicht jeder. Manches Kind reagiert sehr empfindlich mit Durchfall, Erbrechen oder Hautausschlägen auf ein Nahrungsmittel, das ihm einfach nicht bekommt; manchmal gedeiht es auch nicht richtig.

Eltern vermuten meist, das eine Allergie hinter der Milch-Empfindlichkeit steckt. Das muss aber nicht unbedingt sein, manchmal fehlt dem Baby ein wichtiges Enzym (Laktase), das für die Verdauung des Milchzuckers gebraucht wird. Es leidet also unter einer Unverträglichkeit, in diesem Fall einer Stoffwechselstörung, und nicht unter einer Allergie.

Unverträglichkeiten können durch ganz unterschiedliche Störungen und Stoffe verursacht werden, zum Beispiel durch Konservierungs- oder Farbstoffe. Oft zeigt eine Intoleranz die gleichen oder ähnliche Symptome wie eine Allergie, allerdings ohne Beteiligung des Immunsystems.

Der Arzt kann den Unterschied zwischen Allergie und Unverträglichkeit mit Hilfe von Tests herausfinden. Jede Intoleranz hat zur Folge, dass der auslösende Stoff lebenslang vermieden werden muss. Dagegen ist die Prognose bei einer Allergie besser, denn ein Großteil der Betroffenen überwindet die Allergie im Laufe der Zeit.

Vor Allergien schützen – aber wie?

In Sachen Allergie herrscht unter Eltern viel Unsicherheit: Ist der rote Fleck in der Armbeuge des Babys schon der erste Schritt zur Neurodermitis? Hat das Kind Bauchweh, weil es Erdbeeren zum Nachtisch gab?
Die wichtigste Frage, die alle Mütter und Väter beschäftigt – besonders intensiv diejenigen, die selbst »Allergiker« sind: »Was können wir tun, damit unser Kind von Heuschnupfen und Hausstauballergie verschont bleibt?« Die beste Strategie ist eine konsequente Vorsorge:

Die Vorsorgemaßnahmen gegen Allergien sind das A und O – vor allem wichtig, wenn auch die Eltern unter Allergien leiden.

- Nicht jedes erblich vorbelastete Baby muss eine Allergielaufbahn vor sich haben, nicht jedes Hundehaar und jedes Hühnerei müssen eine Allergie verursachen. Je entspannter die Eltern in die Zukunft schauen, desto besser ist es für die Gesundheit ihres Babys.
- Erst schonen, dann langsam abhärten. Die meisten Ärzte raten, einen allergieempfindlichen Säugling nicht unnötig zu belasten. Vermeiden Sie Staubmilben, Tierhaare, Blütenstaub weitgehend, geben Sie diese Schonhaltung jedoch langsam auf, damit die Abwehr des Babys gefordert wird und ihre Kräfte entfalten kann.
  Wenn sich das Immunsystem intensiver mit Krankheitskeimen auseinander setzen muss, kommt es nach Meinung von Experten nicht unbedingt auf die Idee, harmlose Stoffe wie Blütenstaub zu bekämpfen.
- Stillen Sie Ihr Baby möglichst sechs Monate voll. Durch das Stillen wird das Allergierisiko erheblich gesenkt, außerdem bekommt das Kind mit der Muttermilch zusätzliche Abwehrkräfte.
- Flaschennahrung sorgfältig auswählen. Wird das Baby nicht gestillt, sollten Sie bei erhöhtem Allergierisiko mit dem Arzt beraten, welche allergenarme Flaschennahrung geeignet ist.
- Achten Sie auf eine ausgewogene Ernährung mit viel frischem Obst und Gemüse. Nicht zu früh zufüttern! Ab dem siebten Monat können Sie den Speiseplan langsam von Woche zu Woche um jeweils ein Gemüse erweitern.
  Im ersten Lebensjahr braucht ein Kind keine große Palette an Gemüse, es reichen vier Sorten wie zum Beispiel Blumenkohl, Kartoffeln, Brokkoli und Zucchini. Meiden Sie vorerst Kuhmilchprodukte, Ei, Fisch, Zitrusfrüchte, Nüsse, Erbsen und Schokolade.
  Im zweiten Jahr sollte der Speiseplan abwechslungsreicher sein.

- Verwenden Sie weder Duftkerzen noch Duftlampen. Duftstoffe können Allergien auslösen (siehe Seite 60).

- Muttermilch ins Badewasser geben. Mütter, deren Kinder unter besonders empfindlicher Haut leiden oder zu Allergien neigen, schwören auf dieses Mittel.

- Auf Hygiene achten, aber beim Putzen nicht zu pingelig sein. Eine klinisch reine Umgebung schadet einem Baby mehr, als sie nützt. Regelmäßig feucht wischen, Staub saugen (mit Milbenfilter), häufig lüften; auch das Bettzeug ins Freie hängen.

- In der Küche nicht übervorsichtig sein. Behalten Sie die Sauberkeit und Reinheit von Lebensmitteln im Blick, aber nicht pedantisch genau. Sollte unser Lebensstil mitverantwortlich für eine Zunahme der Allergien sein, dann empfiehlt es sich, auch hier behutsam gegenzusteuern. Nicht zu akribisch auf »steriles« Kochen achten, denn der Darm muss auch mit Keimen in Berührung kommen. Seine Immunzellen sollen ihre Kräfte an schädlichen Keimen trainieren und nicht auf Nahrungsmittel wie Hühnereiweiß reagieren.

- Hausstaub vermeiden: Schaffen Sie eine milbendicht überzogene Matratze (nicht aus Rosshaar) für das Babybett an und besorgen Sie Bettzeug, dass bei mindestens 60 °C gewaschen werden kann (kein Lammfell!). Vorsicht vor Wohngiften (kein Qualm!).

- Gehen Sie mit dem Baby viel unter Leute. Kinder, die mit anderen zusammenkommen, sind besser geschützt als isoliert aufwachsende, denn ihr Immunsystem kann »üben«. Jeder Schnupfen beschäftigt die Abwehrkräfte und lenkt vom Kampf gegen allergisierende Stoffe ab.

- Viel Bewegung ist für allergiegefährdete Kinder besonders wichtig. Wer bei Wind und Wetter regelmäßig nach draußen geht, stärkt das Immunsystem.

- Vorbeugende Hautpflege: Wenn das Baby trockene Haut hat, fragen Sie den Kinderarzt nach einem geeigneten Hautpflegemittel.

- Alternative Vorbeugemaßnahmen. Die Homöopathie bietet zum Beispiel präventive Möglichkeiten an, die speziell auf den Gesundheitszustand des jeweiligen Kindes zugeschnitten sind.

Allergischer Schnupfen und Asthma

Sind Bronchial- und Nasenschleimhaut von einer Allergie betroffen, kommt es zu Heuschnupfen und Asthma. Das Kind schnieft und atmet schwer.

Allergischer Schnupfen

Anfangs fällt es oft schwer, einen allergischen von einem ganz normalen Schnupfen zu unterscheiden.
Anzeichen:

- Juckreiz in Augen und Nase, auch nachts.
- Dauerniesen – richtige Niesanfälle. Aus der Nase rinnt wässriges Sekret.
- Der Schnupfen bleibt, bessert sich nicht nach kurzer Zeit. Bei schlechtem Wetter, vor allem bei Regen, geht es dem Kind besser.
- Mitunter kommt eine Bindehautentzündung dazu.

Ursache: Auslöser eines allergischen Schnupfens können verschiedene Substanzen sein, die eingeatmet werden, zum Beispiel: Tierhaare, Kot von Hausstaubmilben, Sporen von Schimmelpilzen, chemische Stoffe.
Behandlung: Der Arzt versucht, diesen speziellen Schnupfen mit verschiedenen Medikamenten zu behandeln und wenigstens die Beschwerden zu lindern. Auch homöopathische Mittel können helfen.

Reagiert ein Kind mit Dauerschnupfen auf Frühjahr und/oder Sommer, sind häufig bestimmte Blütenpollen die Auslöser der Allergie. In diesem Fall ist von Heuschnupfen die Rede. In der Regel kommt es aber erst im Kindergartenalter zu dieser Plage. Viele Heuschnupfenkinder leiden später unter Asthma.

Heuschnupfen

Frühlingsbeginn, blühende Wiesen – leider können viele die Natur nicht mehr unbeschwert genießen, weil sie unter Heuschnupfen leiden.

Was tun?

- Gehen Sie trotzdem mit Ihrem Kind an die frische Luft, halten Sie es nicht aus falsch verstandener Vorsicht unter Verschluss.
- Nachts das Fenster schließen, wenn die Pollen fliegen.
- Bieten Sie Ihrem Kind viel zu trinken an.

Asthma

Bei dieser Krankheit reagieren die Bronchien überempfindlich auf innere oder äußere Reize.
Anzeichen: Bei einem Asthmaanfall schwellen die Schleimhäute an. Dadurch wird Schleim freigesetzt, der nur schwer abgehustet werden kann. Außerdem verengen sich die Bronchien krampfartig, wodurch das Atmen schwer fällt. Begleitet wird ein Asthmaanfall oft von ...

- ... hartnäckigem Husten (nach Infekten).
- ... Atemnot (ohne Infekt). Das Ausatmen fällt schwer. Erstickungsgefühl, blaue Lippen.
- ... röchelndem Atmen in der Nacht.
- ... Keuchen oder Fiepen.

Ursache: Vor allem allergische Reaktionen der Atemwege, zum Beispiel auf Milben oder Tierhaare. Andere Belastungen wie Infekte, psychische Probleme oder große Anstrengung wirken oft mit.
Behandlung: Das auslösende Allergen muss bestimmt werden. Da es unterschiedliche Formen von Asthma gibt, braucht jedes Kind spezielle Medikamente (Notfallset) und einen individuellen Behandlungsplan.

Was tun?

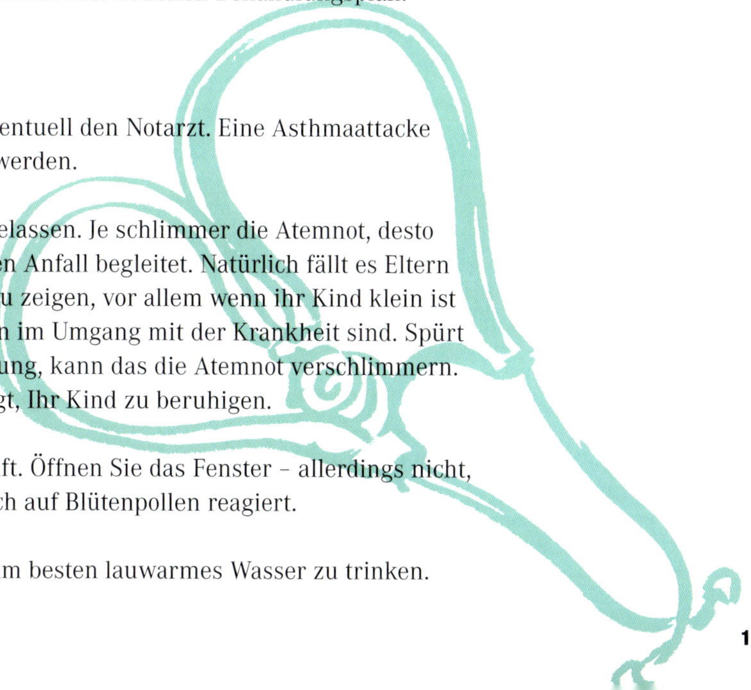

- Schnelle Hilfe holen, eventuell den Notarzt. Eine Asthmaattacke kann lebensgefährlich werden.
- Bleiben Sie möglichst gelassen. Je schlimmer die Atemnot, desto größer die Angst, die den Anfall begleitet. Natürlich fällt es Eltern schwer, ihre Not nicht zu zeigen, vor allem wenn ihr Kind klein ist und sie noch unerfahren im Umgang mit der Krankheit sind. Spürt das Baby Ihre Anspannung, kann das die Atemnot verschlimmern. Versuchen Sie unbedingt, Ihr Kind zu beruhigen.
- Frische, feuchte Luft hilft. Öffnen Sie das Fenster – allerdings nicht, wenn das Baby allergisch auf Blütenpollen reagiert.
- Geben Sie Ihrem Kind am besten lauwarmes Wasser zu trinken.

Das Einschlafen des Babys, das Durchschlafen – in vielen jungen Familien ein Dauerthema. Belastet durch eine Krankheit, haben kleine Kinder dabei ihre ganz besonderen Probleme.

Zum Einschlafen bringen – wie denn nur?

Es dauert seine Zeit, bis ein Baby seinen Rhythmus gefunden hat. Endlich ist es so weit: Der kleine Stöpsel schläft nachts einigermaßen durch und ist tagsüber munter – so, wie es sein soll.
Dann kommen die ersten Infekte, Durchfallerkrankungen, Erkältungen, und schon ist die neue Ordnung dahin. Alle Regelmäßigkeit, die sich gerade eingespielt hatte, gerät wieder aus dem Ruder.
Der sehnlichste Wunsch strapazierter Eltern heißt: endlich eine Nacht durchschlafen. Gerade in Stress- und Krankheitszeiten lässt sich dieser Wunsch nur schwer erfüllen. Wie können Sie Ihren Nachwuchs davon überzeugen, dass die Nacht zum Schlafen da ist?

Was tun?

1. Gelassen bleiben. So schwer es Ihnen auch fällt: Machen Sie kein großes Thema aus den durchwachten Nächten, sondern blicken Sie optimistisch in die Zukunft nach dem Motto: Irgendwann wird das ganz bestimmt vorbei sein. Diese Zuversicht schafft Entspannung – eine innere Ruhe, die sich auf das Kind überträgt, nicht von heute auf morgen, aber auf Dauer.

2. Eine Auszeit nehmen. In den ersten Wochen nach der Geburt ihres Kindes wacht eine Mutter bei jedem Pieps auf. Es ist normal, einen leichten »Ammenschlaf« zu haben. Aber wenn Sie sich nur noch hundemüde durch den Tag schleppen, ist es an der Zeit, auch wieder für den eigenen Schlaf zu sorgen und eine Auszeit zu nehmen – wenigstens ein paar Stunden zwischen dem Stillen. Dann müssen andere ran: Vater oder Oma zum Beispiel.

3. Kein Tamtam machen. Nach einem Gutenachtritual mit Singen, Spieluhr und Abschied mit dickem Küsschen einfach Licht ausmachen und den Raum verlassen. Erfahrungsgemäß wird das kleine Schätzchen mit der Trennung nicht einverstanden sein und mit lautem Geschrei – je nach Wesensart – protestieren, oder es schläft wirklich ein, ist aber nach ein paar Stunden wieder hellwach. Was nun?
Stehen Sie nicht gleich wieder auf der Matte, sondern betreten Sie erst nach ein paar Minuten das Kinderzimmer. Damit machen Sie deutlich, dass nicht sofort auf jedes Geschrei reagiert wird.
Reden Sie beruhigend auf das Kind ein, damit es merkt: Ich bin nicht mutterseelenallein. Es tut jedem Baby gut zu erfahren, dass seine Eltern

Verständnis für seine Angst vor der dunklen Nacht haben, es nicht seiner Verzweiflung überlassen, sondern nachvollziehen können, dass es dem kleinen Wesen schwer fällt, sich zu trennen.
Verlassen Sie das Zimmer nicht, solange das Baby wach ist und weint. Bleiben Sie bei ihm, ohne eine große Trostarie zu inszenieren. Heben Sie es nicht aus dem Bett, sondern lesen Sie stattdessen ein Buch – einfach stur in der Nähe des quengelnden Kindes sitzen bleiben und signalisieren: Du bist nicht allein, aber ich bin nicht für dich, sondern für mein Buch da. Kein Verwöhnprogramm starten mit Herumtragen, Flaschenuckeln, Wiegen und Schuckeln, Reden und Singen, sondern einfach nur da sein.
Natürlich wird das Baby einiges anstellen, um die Aufmerksamkeit von Mutter oder Vater zu gewinnen. Es wird noch vehementer krakeelen. Wenn es aber merkt, dass keine Chance besteht, seinen Willen durchzusetzen und doch noch ein Spiel- oder Schmusestündchen zu erreichen, wird es vor Ärger noch eine Weile vor sich hin grummeln und dann einschlafen.

Baby da, Hund und Katze weggeben?

Besser keine Haustiere, wenn ein Baby kommt und es in der Familie Allergien gibt, hieß es bislang. Die geliebte Katze weggeben, eine neue Familie für den treuen Hund suchen? Klar, dass viele junge Eltern damit wenig im Sinn haben. Kann man nicht doch ausprobieren, ob das Baby trotz eines Haustieres allergiefrei bleibt? Allergiestudien belegen, dass Hund und Katze das Allergierisiko bei erblich vorbelasteten Kindern – Mama leidet unter Heuschnupfen und/oder Papa hatte als Kind Neurodermitis – erhöhen. Wenn es Allergien in der Familie gibt, ist es besser, auf Katze oder Hund zu verzichten, wenn ein Baby kommt oder schon da ist.

Inzwischen glauben jedoch nicht wenige Mediziner, dass Kinder, die von Anfang an mit Haustieren und ihren Allergenen in Berührung kommen, später nur selten eine Allergie entwickeln. Einig ist man sich allerdings in einem Punkt: Ist ein Kind bereits allergisch gegen Hund- und Katzenhaare, sollte es nicht mit diesen Hausgenossen zusammenleben.

Auf dem Rücken, nicht auf dem Bauch schlafen

Im ersten Jahr schläft ein Baby am sichersten auf der Seite mit einer gerollten Stoffwindel unter dem Rücken. Bei der Rückenlage fürchten viele, es könne sich an aufgestoßener Milch verschlucken. Die Bauchlage sollten Sie vermeiden, weil sie heute zu den Risikofaktoren für den plötzlichen Kindstod zählt (jedenfalls statistisch gesehen). Um einen Ausgleich zu schaffen, legen Sie das Baby tagsüber häufig auf den Bauch. Lernt der Wicht, sich zu drehen, dann entscheidet er selbst: Bauch- oder Rückenlage. Hat er sich vom Rücken auf den Bauch gedreht, sollten Sie ihn sicherheitshalber wieder auf den Rücken legen, aber langfristig bestimmt das Baby jetzt selbst, welche Schlafposition ihm die liebste ist.

Nahrungsmittelallergie und Neurodermitis

Allergien kann man gegen alles und jedes entwickeln. Zugrunde liegt zum einen eine Überempfindlichkeit von Haut oder Schleimhäuten, zum anderen eine Störung des Immunsystems, das auf eigentlich harmlose Reize mit Antikörpern reagiert, die eine Entzündung auslösen. Schauplatz kann die Haut sein, wie etwa bei der Neurodermitis.

Nahrungsmittelallergie

Verursacher der Entzündung ist ein Lebensmittel. Eine Nahrungsmittelallergie zeigt sich auf unterschiedliche Weise; erste Hinweise ergeben sich Stunden nach einer Mahlzeit oder sogar Tage später.

Anzeichen (sie können einzeln oder auch gebündelt auftreten): Die Schleimhäute der Atemwege sind betroffen: Es kommt zu Schnupfen, Husten und Schwellungen. Magen und Darm machen Probleme mit Bauchweh, Blähungen, Koliken oder Durchfall. Die Haut reagiert.

Ursache: Im Prinzip kann jedes Nahrungsmittel eine Allergie auslösen, aber Ei, Fisch, Kuhmilchprodukte, Nüsse, Erbsen und Schokolade zählen zu den häufigsten Verursachern.

Die Überlegungen gleichen oft einem schwierigen Puzzlespiel – gar nicht so einfach für Arzt und Eltern herauszufinden, auf welches oder welche Nahrungsmittel das Baby allergisch reagiert.

Was tun?

- Wenn das Baby noch gestillt wird: Ergeben sich Hinweise auf eine Allergie, sollten Sie Ihre Ernährung umstellen, aber nur nach Absprache mit einem Arzt, damit sicher ist, dass das Baby weiterhin alle wichtigen Nähr- und Vitalstoffe erhält.

- Wenn das Baby älter ist und schon feste Kost zu sich nimmt, sollten Sie den Speiseplan sorgfältig gestalten. Die Ernährung des Kindes überprüfen, denn grundsätzlich kann jedes Lebensmittel eine Allergie auslösen. Wird ein neues Nahrungsmittel in den Speiseplan aufgenommen, drei Tage abwarten, wie das Kind darauf reagiert. Ist alles in Ordnung, können Sie das nächste Lebensmittel ausprobieren. Totale Sicherheit verspricht dieses Vorgehen aber nicht, denn ein Kind kann plötzlich allergisch auf Lebensmittel reagieren, die es bislang vertragen hat.

- Führen Sie ein genaues Tagebuch: Was hat das Kind wann in den vergangenen Tagen zu sich genommen? Wann und wie haben sich erste Anzeichen einer Allergie gezeigt?

Neurodermitis

Jedes zehnte Kind in Deutschland leidet heute an Neurodermitis. Bei einem Baby tritt diese Krankheit meist zwischen dem dritten und sechsten Lebensmonat auf. Mediziner bezeichnen eine Neurodermitis als atopische Dermatitis oder atopisches Ekzem.

Anzeichen: Eine Neurodermitis kommt in Schüben und kann sich auf ganz unterschiedliche Weise zeigen: Milchschorf kann ein erster Hinweis auf Neurodermitis sein, muss aber nicht. Trockene Haut ist oft ein Vorbote von Neurodermitis. Verschorfte Stellen im Gesicht, hinter den Ohren, am Hals, an Händen und Handgelenken, in den Armbeugen, in den Kniekehlen, an den Fußgelenken. Die Haut juckt heftig. Die entzündeten Hautstellen bluten, nässen und verkrusten. Da die betroffenen Hautstellen jucken, wird gekratzt. So gelangen häufig Bakterien in die Wunden, die sich dann entzünden können. Oft verschlimmert sich die Neurodermitis im Winter bei trockener Heizungsluft.

Ursache: Die Haut reagiert überempfindlich auf bestimmte Substanzen. Trotz Forschung ist noch unbekannt, was die Hautkrankheit auslöst.

Erkrankt ein Baby an Neurodermitis, sind meistens verschiedene Faktoren ausschlaggebend dafür: zum einen eine genetische Vorbelastung, zum anderen bestimmte Stoffe wie Tierhaare, Nahrungsmittel oder Blütenpollen. Seelische Belastungen sind beteiligt, aber nicht Ursache der Erkrankung.

Behandlung: Da weder die Ursache bekannt ist noch Neurodermitis gleich Neurodermitis ist, sondern sich auf ganz unterschiedliche Weise zeigen kann, ist die Behandlung nicht einfach. Der Arzt stellt zusammen mit den Eltern einen individuell zugeschnittenen Behandlungsplan auf, der auch die Hautpflege betrifft.

Bei einem schweren Schub einer Allergie verordnen Ärzte nicht selten Kortison. Es kommen aber laufend neue, vielversprechende Medikamente zur Behandlung von Allergien auf den Markt.

Was tun?

- Für einen regelmäßigen Tageslauf sorgen. Bewahren Sie Ihr Baby vor zusätzlichen Belastungen und immer neuen Reizen.
- Hemdchen und Höschen sollten nicht zu eng auf der Haut sitzen – lieber ein, zwei Nummern größer wählen. Bevorzugen Sie Naturmaterialien und waschen Sie die Kleidung vor Gebrauch.
- Eine besondere Flaschennahrung. Bei erblicher Vorbelastung sollte das Baby zur Vorbeugung eine besondere Anfangsnahrung bekommen. Besprechen Sie das mit dem Kinderarzt.

Vorsorgen ist besser als heilen

Ein wichtiger Schutz vor Krankheiten ist das Vorbeugen. Eine regelmäßige Teilnahme am Vorsorgeprogramm erhöht die Chance, angeborene und chronische Krankheiten frühzeitig zu erkennen und zu behandeln. Dadurch bleibt vielen Babys so manche Krankheit oder Entwicklungsstörung erspart. Jede Untersuchung hat ihren eigenen Schwerpunkt. Alle Daten werden im gelben Heft als wichtige Informationen für spätere Zeiten festgehalten.
Die **U1** findet noch im Kreißsaal statt. Der Arzt kontrolliert, ob das Baby die Umstellung von innen nach außen gut verkraftet hat. Mit einem Punktesystem (Apgartest) wird nach einer, nach fünf und nach zehn Minuten überprüft, wie sich das kleine Menschlein an das Leben anpasst. Fünf Punkte werden gecheckt: Herzfrequenz, Atemfrequenz, Muskelspannung, Muskelerregbarkeit und Hautfarbe. Ist alles in Ordnung, bekommt das Baby zehn Punkte – zwei für jeden Bereich.
Bei einer Punktezahl unter sieben greift der Arzt nach wenigen Minuten ein, um dem Neugeborenen den Start zu erleichtern. Außerdem wird aus der Nabelschnur Blut abgenommen, um den pH-Wert und damit die Sauerstoffzufuhr zu überprüfen.
Bei den ersten drei Vorsorgeuntersuchungen bekommt das Baby Vitamin K, eine Substanz, die der Körper noch nicht selbst bilden kann, aber zur Blutgerinnung braucht. Diese Maßnahme soll Babys vor Blutungen im Gehirn schützen, die beispielsweise durch intensives Schreien ausgelöst werden können. Besonders wichtig ist diese Vitamingabe für gestillte (Muttermilch enthält zu wenig Vitamin K) oder kranke Babys.

Von den ersten Minuten nach der Geburt bis zur Einschulung sind für jedes Kind neun Vorsorgeuntersuchungen vorgesehen, sechs davon allein im ersten Lebensjahr.

Die **U2** ist die Basisuntersuchung. Zwischen dem zweiten und zehnten Lebenstag ist das Baby groß genug für eine erste gründlichere Untersuchung. Der Arzt tastet die wichtigsten Organe ab, kontrolliert Herz und Lunge, das Nerven- und Knochensystem mit Füßen, Beinen, Hüften. Er überprüft die Reflexe, die Aufschluss über den Reifezustand des Gehirns geben, untersucht Darmausgang und Geschlechtsorgane, fahndet nach Entwicklungsbehinderungen, wiegt und misst das Baby.
Außerdem wird dem Kind mit einem kleinen Piks in die Ferse Blut entnommen. Anhand dieser Blutprobe können seltene Stoffwechselstörungen bestimmt werden, die früh erkannt besser zu behandeln sind. So wird zum Beispiel untersucht, ob die Schilddrüse richtig funktioniert.
Der Arzt verschreibt Vitamin D und Fluorid, um Rachitis vorzubeugen. Ist er mit dem Baby zufrieden, können die Eltern aufatmen: Eine wesentliche Hürde ist genommen.

Die **U3:** Spätestens jetzt, zwischen der vierten und sechsten Lebenswoche, lernen Kind und Eltern den Kinderarzt kennen, der sie in den kommenden Jahren betreuen wird. Er beobachtet das Kind, kontrolliert seinen Entwicklungsstand, macht sich mit Hilfe grundlegender Untersuchungen (siehe U2) ein Bild von seinem neuen Patienten. Er misst und wiegt das Baby, prüft das Gehör und untersucht die Hüfte. Nur bei drei Prozent aller Babys sind weitere, genauere Untersuchungen nötig, weil etwas nicht stimmt. Alle anderen werden als gesund entlassen. Bei dieser Untersuchung können Eltern alle Fragen stellen, die sie beschäftigen, beispielsweise in Bezug auf die Ernährung.

Die **U4:** Jede Vorsorgeuntersuchung ist der Entwicklungsphase angepasst, in der sie stattfindet. Im dritten, vierten Monat wird das Baby erneut gründlich untersucht, abgehorcht und abgetastet. Der Arzt überprüft wieder die Reflexe, den Stand der Entwicklung: Kann das Baby seinen Kopf schon allein gerade halten? In Bauchlage anheben? Alle Daten werden im gelben Heft vermerkt. Eltern können sie hier mit den Durchschnittsdaten vergleichen und lernen so, die Entwicklung ihres Kindes einzuordnen.

Die **U5:** Bei der Vorsorgeuntersuchung im sechsten, siebten Monat geht es vor allem um die motorische Entwicklung. Wie bewegt sich das Baby? Was kann es, was nicht? Der Arzt beobachtet das Kind und fragt bei den Eltern nach. Ohren und Augen werden genauer überprüft.

Die **U6:** Am Ende seines ersten Lebensjahres wird das Baby wieder gründlich untersucht und vermessen. Jetzt schaut sich der Kinderarzt seine organische, psychosoziale und geistige Entwicklung genauer an. Da er den kleinen Pappenheimer jetzt schon lange kennt, kann er sich ein genaues Bild von ihm machen.

Die Vorsorgeuntersuchungen unbedingt wahrnehmen

Sechsmal sollte ein Baby im ersten Lebensjahr untersucht werden. »Wieso dauernd zum Arzt, wenn unser Kind putzmunter ist?«, fragen sich viele Eltern. Im ersten Lebensjahr macht ein Baby riesige Entwicklungsschritte, vom hilflosen, total abhängigen Winzling zu einem kräftigen Menschlein, das schon auf eigenen Beinen steht und die ersten Laufversuche wagt – kleine Schritte in die Selbstständigkeit. Nie wieder lernt ein Mensch so viel in so kurzer Zeit. Da diese Entwicklung so rasant verläuft, gerät sie manchmal aus dem Takt. Deshalb begleiten Untersuchungen diese aufregende Phase. Der Arzt überprüft laufend die motorische, organische und psychosoziale Entwicklung des Babys.

Von Diphtherie bis Keuchhusten

Ein Baby hat die Kinderkrankheiten noch vor sich – allerdings nicht alle, denn gegen einige hat es Abwehrkräfte von seiner Mutter mitbekommen, die es wenigstens in den ersten Lebensmonaten schützen, gegen andere ist es geimpft. Einige dieser Krankheiten haben heute ihren Schrecken verloren, aber leider nicht alle.

Diphtherie

Hochansteckend, lebensbedrohlich – in unseren Breiten dank der Impfung selten geworden.
Anzeichen: Ein eitriger Belag auf Mandeln und Kehlkopf, unangenehmer Mundgeruch, Schluckbeschwerden, Fieber, bellender Husten, Atemnot.
Ursache: Bakterien, die durch Tröpfcheninfektion übertragen werden.
Behandlung: Bei Verdacht sofort den Arzt informieren. Ein diphtheriekrankes Kind muss ins Krankenhaus. Wer die Krankheit durchgemacht hat, ist nicht auf Dauer immun.

Dreitagefieber

Das Dreitagefieber ist meist die erste Kinderkrankheit, die ein Baby erwischt, und zwar häufig zwischen dem 6. und 12. Lebensmonat. Die Inkubationszeit beträgt 7 bis 17 Tage. Das Dreitagefieber ist so lange ansteckend, bis der Hautausschlag einsetzt.
Anzeichen: Plötzlich hohes Fieber bis 39 oder 40 °C, selten weitere Symptome. Nach drei oder vier Tagen sinkt das Fieber ebenso plötzlich wieder, gleichzeitig macht sich auf Brust, Bauch, Rücken, Armen und im Gesicht ein roter Ausschlag breit, der keine Beschwerden bereitet.
Ursache: Ein Herpes-Virus, das durch Tröpfcheninfektion beim Niesen, Husten oder Sprechen übertragen wird.
Behandlung: Die Aufgabe des Arztes besteht vor allem darin, den noch krankheitsunerfahrenen Eltern Mut zu machen und sie zu beruhigen. Sehr viel mehr lässt sich nicht tun.

Was tun?

- Geduld aufbringen, das Baby beruhigen und versuchen, das Fieber zu senken.
- Dem Baby viel zu trinken anbieten, weil es ordentlich schwitzt.

Keuchhusten

Kaum eine Kinderkrankheit beansprucht Kind und Eltern so intensiv wie Keuchhusten; vor allem für einen Säugling ist er sehr belastend, ja sogar lebensbedrohlich. Das Baby kann sich bei Geschwistern anstecken, aber auch bei Eltern oder Verwandten, denn Keuchhusten ist keine reine Kinderkrankheit. Die Inkubationszeit beträgt 7 bis 14 Tage. Ansteckungsgefahr besteht, solange der Husten währt. Ein Säugling ist gegen Keuchhusten ungeschützt, weil er keinen »Nestschutz« durch seine Mutter hat, weil er keine Antikörper durch die Muttermilch erhält, weil er erst nach der zweiten, dritten Impfung geschützt ist. Auch eine Impfung verspricht keinen 100-prozentigen Schutz.
Anzeichen: Beginn mit normalem Schnupfen und Husten – einer Erkältung, die etwa 14 Tage anhält. In dieser Phase ist das Baby besonders ansteckend: Der Husten steigert sich zu harten, lauten Stakkatoanfällen. Weil das Baby zwischen den Hustenattacken keine Luft holt, gerät es in Atemnot und läuft blau an. Nach einem Moment zieht der Patient, begleitet von einem lauten Jiepern, wieder Luft ein. Dann wird zäher, glasiger Schleim ausgewürgt oder erbrochen. Vor allem die nächtlichen Hustenanfälle sind eine Qual. Mancher Säugling kann noch nicht husten, keucht nicht beim Atmen, deshalb wird die Krankheit unter Umständen spät erkannt. Mögliche Komplikationen: Die Atmung ist unterbrochen, das Baby muss unter Umständen künstlich beatmet werden. Sauerstoffmangel im Gehirn kann die Folge sein, Lungenentzündung, Krampfanfall.
Nach zwei bis sechs Wochen gibt sich der Husten.
Ursache: Bakterien, die durch Tröpfcheninfektion beim Husten, Niesen oder Sprechen, aber auch durch ungewaschene Hände übertragen werden – vor allem im Herbst und Winter.
Behandlung: Mitunter ist es schwierig, Keuchhusten im Anfangsstadium zu erkennen. Nur in der ersten Keuchhustenphase hilft ein Antibiotikum. Der Arzt verschreibt hustendämpfende, schleimlösende Medikamente.

Wer an Keuchhusten erkrankt, ist *nicht* lebenslang immun.

Was tun?

- Im Kinderzimmer schlafen: Lassen Sie Ihr Kind nicht allein!
- Geben Sie Ihrem Baby viel zu trinken.
- Möglichst viele kleine Mahlzeiten anbieten, damit durchs Schlucken keine neue Hustenattacke ausgelöst wird.
- Viel frische, aber keine kalte Luft (kein Qualm).

Impfen muss sein

Prävention durch Impfung ist relativ einfach. Mit dem berühmten Piks lassen sich Infektionskrankheiten in den Griff bekommen.
Viele Mütter und Väter wissen nicht, wie sie sich entscheiden sollen, wenn die erste Impfung bei ihrem Baby ansteht. Sollen sie die Argumente der Impfgegner ernst nehmen oder die der Befürworter?

Die hauptsächlichen Argumente der Impfgegner

- Kinder brauchen Infektionskrankheiten als »Training« für ihr Immunsystem, damit es in Schwung kommt. Das ist auch eine Vorbeugemaßnahme gegen Allergien (Seite 170).
- Das kindliche Abwehrsystem ist noch schwach ausgebildet und wird durch Impfen überfordert.
- Das Impfen ist gefährlicher als die Krankheit selbst, weil damit erhebliche Komplikationen verbunden sein können.

Die Argumente der Impfbefürworter

- Die Kinderärzte halten dagegen. Immer mehr Erregern könne inzwischen per Piks vorgebeugt werden. Dass etliche Infektionskrankheiten fast verschwunden sind, sei den Impfungen zu verdanken, sagen sie. Unermüdlich zeigen sie auf, wie viel Leid den Kindern von heute dank der Impfungen erspart bleibt.
  Impfstoffe können zwar, wie alle anderen Medikamente auch, Nebenwirkungen haben, aber schwerwiegendere Komplikationen seien extrem selten, betonen die Impfbefürworter immer wieder und erklären, dass die Krankheiten weitaus gefährlicher seien als die Impfungen. Die Nebenwirkungen beschränken sich meist auf eine Rötung oder Schwellung der Impfstelle. Außerdem kann das Kind Fieber bekommen, mit Unruhe auf die Impfung reagieren.
  Die Herstellung der Impfstoffe sei immer sicherer geworden.
- Das Immunsystem eines Babys wird mit Krankheitserregern fertig: mit den Bakterien und Viren, denen es täglich ausgesetzt ist, und auch mit den Impfstoffen. Diese Konfrontation schädigt das Abwehrsystem nicht, sondern stimuliert es. Der Organismus verkraftet auch Sechsfach-Impfstoffe.
- Die Impfungen sind nicht schuld daran, dass die Allergien zunehmen. Ein Hinweis darauf: In der DDR wurden alle Kinder gründlich geimpft, es gab aber weniger Allergien als im Westen.

- Wichtig ist, dass frühzeitig geimpft wird. Die Gründe: Bestimmte Infektionskrankheiten können einem kleinen Kind besonders gefährlich werden – zum Beispiel Keuchhusten. Außerdem dauert es einige Zeit, bis der Impfschutz wirklich gegeben ist.
- Weil es kaum wirkungsvolle Mittel gibt gegen die meisten Kinderkrankheiten, die von Viren übertragen werden, ist Vorbeugung die beste Methode, damit fertig zu werden. Bei Viruserkrankungen kann die Medizin zwar die Begleiterscheinungen mildern, gegen viele Infektionen ist sie aber auch heute noch weitgehend machtlos.
- Immer wieder weisen die Ständige Impfkommission (STIKO), die Weltgesundheitsorganisation und weitere Fachgremien darauf hin, dass Kinderkrankheiten sehr wohl tragisch enden können, wie wichtig deshalb das Impfen ist.

Welche Impfungen sind im ersten Jahr aktuell?

Empfohlen wird im ersten Jahr eine Grundimmunisierung gegen:

- Diphtherie,
- Tetanus,
- Keuchhusten,
- Kinderlähmung,
- Hirnhautentzündung (Hib),
- Hepatitis B.

Nach dem ersten Geburtstag folgen weitere Impfungen. Geimpft wird heute mit einem Sechsfachimpfstoff, aber auch einzelne Impfungen sind möglich. Die Impfungen müssen später aufgefrischt werden. Ergänzt wird dieser Schutz später durch Impfungen gegen Masern, Mumps und Röteln (eigentlich eine harmlose Krankheit, die aber bei Schwangeren gefährliche Komplikationen verursachen kann).

Im ersten Jahr lassen noch mehr als 90 Prozent aller Eltern ihr Kind impfen, bei den wichtigen Nachfolgeimpfungen treten leider weit weniger an – nicht unbedingt, weil sie inzwischen Vorbehalte gegen das Impfen haben, sondern weil sie im Alltag darüber hinwegsehen nach dem Motto: »Mein Kind ist kerngesund, warum dann zum Arzt gehen?«

Dass aus einem kräftigen und gesunden Kind schnell ein krankes, sich ganz elend fühlendes werden kann, wenn es eine der gefürchteten Kinderkrankheiten durchmachen muss, verlieren Eltern bisweilen aus den Augen.

Nicht selten befürchten Eltern und Kind den Schmerz beim Impfpiks mehr als alle eventuellen Nebenwirkungen und Komplikationen. Die gängige Praxis setzt oft auf einen Überraschungseffekt beim Impfen: Die Sprechstundenhilfe lenkt das Kind ab, während der Arzt schwuppdiwupp schnell zusticht. Das Baby bekommt einen Höllenschrecken und brüllt los. Der Schrecken, der ihm in die Glieder fährt, ist das Unheil, nicht der Piks. Deshalb ist es einen Versuch wert, dem Kind den Schrecken zu nehmen. Warnen Sie es mit einem Minipiks per Fingernagel vor: »Gleich gibt es einen Piks. Der Schmerz ist gleich darauf wieder vorbei!«

Von Kinderlähmung bis Windpocken

Wenn sie ihrem Kind ansehen, dass es eine Krankheit ausbrütet, geraten Eltern in Sorge.

Kinderlähmung

Eine Erkrankung des zentralen Nervensystems, die durch Viren ausgelöst wird. Seit Einführung der Impfung in unseren Breiten fast vergessen.

Masern

Hochansteckende Krankheit mit einer Inkubationszeit von 8 bis 12 Tagen. Ansteckungsgefahr besteht in der ersten Phase. Babys sind in den ersten Lebensmonaten noch nicht gefährdet, geschützt durch den »Nestschutz«.
Anzeichen: Man unterscheidet vier verschiedene Phasen:
Das Kind leidet unter Husten, Schnupfen, Halsweh und Fieber und fühlt sich unbehaglich. Seine Augen sind gerötet.
Auf der Mundschleimhaut bilden sich weißgraue, leicht erhabene Flecken. Die Zunge ist rot.
Entzündete Schleimhäute der Augen und Atemwege; Hautausschlag hinter den Ohren, im Gesicht, auf dem Rumpf, zum Schluss auf Armen und Beinen. Erneutes Fieber. Bei kleinen Kindern: Erbrechen und Durchfall.
Die kleinen, hellroten Flecken des Ausschlags werden bläulich und flächiger, der Ausschlag verschwindet langsam wieder.
Masern sind häufig mit gefährlichen Komplikationen wie zum Beispiel Entzündung des Kehlkopfs, Lungenentzündung, Mittelohrentzündung oder Enzephalitis (Hirnentzündung) verbunden.
Ursache: Viren, die durch Tröpfcheninfektion übertragen werden.
Behandlung: Der Arzt kann wenig tun. Kommt noch eine bakterielle Infektion, verschreibt er Antibiotika, gegen den Husten schleimlösende Mittel.

Zeigen sich die ersten Symptome, sollten Sie mit Ihrem Baby möglichst bald zum Kinderarzt gehen, damit er eine Diagnose stellen kann – dies ist im Moment das Wichtigste.

Was tun?

- Fiebersenkende Maßnahmen einleiten (siehe Seite 21).
- Das Zimmer abdunkeln, weil die Augen empfindlich reagieren.
- Für Luftfeuchtigkeit sorgen: Nasse Tücher über die Heizung hängen.
- Viel zu trinken anbieten.

Wer einmal an Masern erkrankt ist, ist mit großer Sicherheit lebenslang dagegen gefeit.

Röteln

Eine meist harmlose Kinderkrankheit (gefährlich für Schwangere!).
Anzeichen: leichteres Unbehagen. Ausschlag: erbsengroße, rosafarbene bis rote Flecken, die hinter den Ohren beginnen und sich über den ganzen Körper ausbreiten. Anschwellen der Lymphknoten im Nacken und hinter den Ohren. Leichtes Fieber. Nach ein paar Tagen ist die Krankheit vorbei.
Ursache: Rötelvirus.
Behandlung: wie bei den meisten Virusinfekten: Abwarten und beobachten!

Bei Röteln beträgt die Inkubationszeit 11 bis 23 Tage. Ansteckungsgefahr: 5 Tage vor Ausbruch bis zum Ende des Ausschlags.

Was tun?

- Das Kind von Frauen fernhalten, um Ansteckung zu vermeiden.

Scharlach

In den ersten fünf Lebensmonaten erkranken Babys selten. Scharlach zählt zu den häufigsten, aber nicht mehr gefährlichsten Kinderkrankheiten.
Anzeichen: Fieber, Schluckbeschwerden, geschwollene Mandeln und Lymphknoten am Hals, weiß belegte Zunge mit roten Pünktchen. Unangenehmer Mundgeruch. Roter, häufig juckender »Gänsehaut«-Ausschlag am ganzen Körper – mit Ausnahme von Kinn und dem Bereich zwischen Nase/Oberlippe. Aus der weißen, rot gepunkteten Zunge wird eine ganz rote. Nach einer Woche klingt der Ausschlag ab, die Haut schält sich noch längere Zeit. Mögliche Komplikationen sind Mittelohr- und Mandelentzündung, Gehirnhautentzündung und Blutvergiftung.
Ursache: Bakterien (Streptokokken).
Behandlung: Der Arzt macht einen Abstrich von der Rachenschleimhaut, um die Diagnose zu stellen. Er verschreibt ein Antibiotikum, meistens Penicillin, das die Streptokokken abtötet, dem Kind eine lange Krankheit erspart und Komplikationen verhindert. Bei leichtem Verlauf verzichten manche Ärzte auf eine Penicillin-Behandlung.

Bei Scharlach beträgt die Inkubationszeit 2 bis 7 Tage. Ansteckungsgefahr besteht, solange das Kind krank ist.

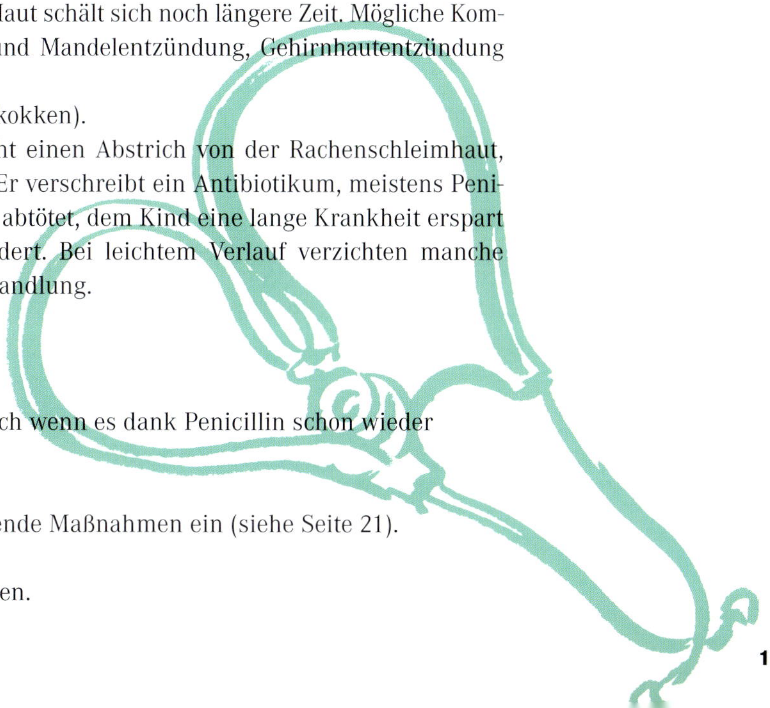

Was tun?

- Das Kind schonen, auch wenn es dank Penicillin schon wieder munter ist.
- Leiten Sie fiebersenkende Maßnahmen ein (siehe Seite 21).
- Viel zu trinken anbieten.

Wer einmal Windpocken hatte, ist für den Rest seines Lebens immun.

Windpocken

Diese hochansteckende, weit verbreitete Krankheit kann sich bereits ein Baby einfangen. 95 Prozent aller Jugendlichen haben die Krankheit bereits hinter sich gebracht. Die Inkubationszeit beträgt 14 bis 16 Tage. Ein Windpockenkind ist schon zwei Tage vor Ausbruch der Krankheit ansteckend; das Risiko bleibt bestehen, solange noch Krusten auf der Haut sind.

Anzeichen: Manchmal Fieber. Kleine Bläschen und rote Flecken überziehen den Körper, sitzen sogar zwischen den Haaren – Bläschen, die eintrocknen oder bei leichtem Druck platzen und dann verkrusten. Die Kruste fällt nach ein paar Tagen ab. Bilden sich auch im Darmausgang, in der Scheide, in der Mundschleimhaut Bläschen, kann das sehr schmerzhaft sein. Die Bläschen können eitern und Narben hinterlassen, wenn das Kind daran kratzt.

Ursache: Viren. Sie schwirren in der Luft herum und können problemlos Entfernungen von mehreren Metern überwinden.

Behandlung: Bei Verdacht sofort zum Arzt gehen. Er wird ...

- ... Tropfen oder eine Lotion gegen den Juckreiz verordnen (Vorsicht bei Allergiekindern).
- ... lindernde Tinkturen empfehlen, um die Haut zu kühlen.
- ... Zinklotionen oder Zinkpasten verschreiben, damit die Bläschen schneller eintrocknen.
- ... Anti-Juckreiz-Puder empfehlen.

Auch bestimmte homöopathische Mittel werden oft verschrieben.

Was tun?

- Mit einem Windpockenkind nicht in die Sonne gehen.
- Leichte, weite Baumwollhemden und -höschen anziehen, die nicht scheuern.
- Für frische Luft sorgen. Hitze bekommt dem Baby jetzt nicht. Vor allem nachts braucht es ein kühles Zimmer von 16 °C.
- Das Baby nicht baden. Warmes Wasser trocknet die Haut aus, dann juckt sie noch intensiver. Verzichten Sie in der Bläschenzeit aufs Haarewaschen und tupfen Sie die Haut beim Waschen vorsichtig mit einem Waschlappen ab.
- Kurze Sitzbäder in kühlem Wasser können helfen. Geben Sie eine Tasse schwarzen Tee, Kamillentee oder Salbeitee ins Wasser.
- Bei Fieber: Machen Sie keine Wadenwickel, geben Sie lieber ein Zäpfchen. Der Grund: Die Feuchtigkeit verstärkt das Jucken.
- Mit feuchtkalten Tüchern das Gesicht abtupfen.
- Anti-Juck-Puder ausprobieren.

Register

A

B

D

E

F